粉雕美甲
輕鬆上手
Powder Vulture Nail

邱佳雯・盧美娜◎著

作者序 *From the author*

　　從事美甲行業多年以來，一直都想跟大家分享做美甲的樂趣，其實要進入美甲的世界一點也不難！

　　本書透過清楚的步驟圖解和詳細的文字說明，讓大家可以熟悉粉雕美甲的基礎技巧，除此之外，還提供了 QRcode 影片讓各位可以學習得更容易。在熟練各種基礎技巧後，接著教大家如何將這些技巧運用在款式變化上，從簡單到進階循序漸進地引導大家，讓大家可以將粉雕技法做更多的變化！

　　其實粉雕不單只是運用在美甲上，還可以與彩繪／凝膠／噴槍混搭做為競賽創作，更可以延用在日常生活小物上，例如：相框、鏡子、收納盒、耳飾項鍊……等。從平面造型到 3D、4D 創作，粉雕運用在客製化小物上更具有特色！粉雕的創作無限，歡迎大家一起在粉雕的天地裡雕塑美麗，輕鬆自在學習！

專長：
　　美甲教學、貼膜教學、貼鑽教學、客制化產品設計

經歷：
　　指蝶指甲彩繪教育學苑專任講師
　　世貿化妝品美容展美甲技術講師
　　知名模特兒公司秀場表演美甲指導
　　包膜達人特約講師
　　年代新聞台美甲風雲人物專訪
　　中華民國指甲彩繪美容職業工會聯合會美甲二級檢定評審
　　新北市電信人員職業工會 包膜貼鑽實務課程 103 年度特約講師
　　新北市電信人員職業工會 包膜貼鑽實務課程 104 年度特約講師
　　日本 JNEC 美甲三級檢定合格
　　中華民國指甲彩繪美容職業工會聯合會　美甲二級檢定合格
　　中華民國指甲彩繪美容職業工會聯合會　美甲一級檢定合格
　　中華民國指甲彩繪美容職業工會聯合會　美甲高階檢定合格
　　中華民國指甲彩繪美容職業工會聯合會　美甲二級檢定評審
　　中華民國指甲彩繪美容職業工會聯合會　美甲一級檢定評審
　　中華民國指甲彩繪睫毛業產業工會全國聯合會　美睫二級檢定合格

著作：
　　粉雕美甲輕鬆上手
　　彩繪美甲輕鬆上手
　　百變甲妝情報站－美甲保養小撇步
　　愛上美甲新品味－光療美甲輕鬆上手
　　玩繪時尚光療美甲

部落格：
　　Teresa 的美甲殿堂

邱佳雯
Teresa Chiu

「整體造型」的概念因時代轉變而出現，讓愛美族群漸漸開始講究身上的穿著與妝容，而美甲造型也成為愛美女孩的指尖小心機。因為場合、裝扮的不同，就需搭配不同的美甲造型，除了彩繪、凝膠、水晶指甲等技巧外，還有能製造出 3D 立體感的粉雕美甲。

　　粉雕美甲除了能製造出立體感外，還能像黏土般雕塑出超出甲面的粉雕造型。或許大部分人認為，在做舞台造型時才需要較誇張的美甲造型，但其實如果可以視情況縮小比例，也可以運用上一般大眾的整體造型上，但因為愈精巧的粉雕，就愈難操作，也會愈考驗基本功，才能帶出深具時尚感，又能跟隨不同造型主題變化出的各式風格。

　　因此，我們在書中依然講求基本功，由淺入深將技術者帶領進粉雕世界，除了圖文步驟教學外，更添加動態影片操作，讓讀者可以跟著影片輕鬆上手。在美甲的世界裡，其實各種技術都回到基本技巧，只要將基本功打穩，就能在運用各式美甲技巧時，得心應手。

專長：
造型設計、美容保養、美甲、會場佈置設計、CIS 設計、行銷企劃

經歷：
全球華僑總會儲備理事長
銀禧國際婚顧婚禮董事
莎提薇兒造型師
嫚蓉美容美體美容師
花言巧語婚顧指定造型師
伊織花團隊設計師
GRAFTOBIAN 專業噴槍及化妝特效證書
日本 JAN 三級證書
擔任旗林出版的美甲及造型內容總規劃

著作：
粉雕美甲輕鬆上手
彩繪美甲輕鬆上手
做自己的美髮師
整體造型秘技（共 30 多本）
不用醫美也可以很美麗

目 錄 *Contents*

2　作者序
6　工具材料介紹

Part 1 Basic skill
基礎技巧

Part 2 Advenced skill
進階技巧

10　取粉雕的方法
11　圓點花
12　水滴
13　愛心
14　水滴花
15　菊花
16　水滴中心壓紋
17　水滴立體壓紋
18　水滴直線壓紋
19　雙色變化
20　葉子①
21　葉子②
22　葉子③
23　葉子④
24　葉子花
25　三角形緞帶
26　蕾絲變化壓紋
28　水滴緞帶
29　倒 V 型緞帶
30　基礎蝴蝶結①
31　基礎蝴蝶結②
32　基礎蝴蝶結③
33　基礎蝴蝶結④
34　下弦月玫瑰花瓣
35　玫瑰花① (外向內花瓣)
36　玫瑰花② (內向外花瓣)

38　平面立體疊花片
40　平面立體水滴花片
41　海芋
45　不規則立體疊花片
47　立體蝴蝶結①
48　立體蝴蝶結②
50　高跟鞋

52　花園城堡 01
53　香榭大道 02
54　普羅旺斯 03
55　羅馬假期 04
56　幸福旅人 05
57　香格里拉 06
58　熱情仲夏 07
59　花漾四季 08
60　日光海岸 09
61　熱情洋溢 10
62　南法小村 11
63　水果繽紛 12
64　初夏日和 13
65　幸福聖誕 14

66　彩虹小馬 15
68　秋日約會 16
70　玫瑰日記 17
72　蔚藍海洋 18

Part 5

Date
浪漫約會

100　櫻花樹下 37
101　倫敦愛情 38
102　絢爛花火 39
103　異國戀曲 40
104　幸福之旅 41
105　迷人小禮 42
106　浪漫來襲 43
107　甜蜜世界 44
108　白色洋房 45
109　愛的真諦 46
110　微笑練習 47
111　微加幸福 48
112　浪漫午茶 49
114　戀人絮語 50
116　美好時光 51
118　幸福宣言 52
120　少女粉紅 53

Part 4

Party
時尚派對

76　祕密情人 19
77　圓點女王 20
78　天使甜心 21
79　典型甜美 22
80　神秘禮物 23
81　狂野花豹 24
82　巴黎女伶 25
83　優雅女王 26
84　英國紳士 27
85　歐美名媛 28
86　時尚派對 29
87　奢華之夜 30
88　華麗搖滾 31
89　花的姿態 32
90　甜點公主 33
92　化妝舞會 34
94　黑色高雅 35
96　海灘派對 36

Part 6

Daily
個性搭配

122　粉紅夢幻 54
123　繽紛衣櫃 55
124　海灣微風 56
125　藍色夏威夷 57
126　清新文青 58
127　唯美主義 59
128　英倫情懷 60
129　聖誕派對 61
130　雪白小犬 62
131　微甜風格 63
132　粉紅龐克 64
133　山茶花之戀 65
134　小鹿斑比 66
136　薰衣草戀人 67
138　花的嫁紗 68
140　法式優雅 69

141　Q&A

工具材料介紹 *Tools and Materials*

品名：甲片座
規格：組合式甲片座、造型甲片座、
　　　單一甲片座。
功能：主要是方便固定甲片。

品名：甲片
規格：尖型甲片、競賽用甲片、美式
　　　全甲片、美式半甲片、舞台型
　　　指甲長片、方型甲片、展示用
　　　甲片、法式半甲片、日式圓頭
　　　甲片。
功能：甲片可用來做展示作品或貼在
　　　指甲上做延伸的效果……等。

品名：指甲油、亮彩油
規格：小瓶裝。
功能：可塗在指甲或甲片上，可以保
　　　護指甲，不易斷裂，也可增添
　　　指甲上色彩。亮彩油內是有加亮
　　　粉亮片。

品名：圓點筆
規格：大、小頭、單頭、雙頭。
功能：利用圓點的特性，創造多變的
　　　指甲彩繪圖案及點綴。

品名：粉雕筆
規格：粗、細、扁圓型、尖圓形。
功能：依照不同圖案大小變化而使用
　　　不同規格。

品名：3D 溶劑
規格：小瓶、中瓶、大瓶、快乾型、
　　　慢乾型。
功能：雕塑 3D 粉雕所使用的 3D 溶劑。

品名：甲片膠
規格：小瓶、筆刷型。
功能：用來黏著甲片於指甲上或水晶
　　　指甲上面的裝飾及可修復斷裂
　　　的指甲。

品名：小剪刀
規格：大、中、小、圓頭、尖頭。
功能：依照所需要需求和習慣使用。

品名：彩繪筆
規格：粗、細、大、中、小、毛刷型、
　　　平筆。
功能：依照劃的圖案大小變化而使用
　　　不同規格。

品名：粉雕粉
規格：大、中、小罐。
功能：依照不同圖案顏色設計雕塑來
　　　選擇購買。

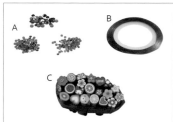

品名：裝飾品（A水鑽、B金／銀線、
　　　C造型片）
規格：依不同飾品包裝也會不同。
功能：在指甲上做點綴。

品名：化妝海棉
規格：小盒裝、包。
功能：可藉海綿沾取顏料，以拍、按、
　　　輕點的方式，點綴指甲或甲
　　　片表面，製造繽紛或漸層的圖
　　　樣。

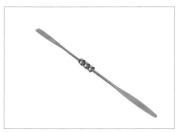

品名：平口挖棒
功能：利用平口的特性，創造多變的
　　　指甲彩繪圖案及點綴。

品名：牙籤
功能：利用牙籤的特性，創造細微的
　　　指甲彩繪圖案。

品名：造型模具
功能：減少創作的時間，增加創意變
　　　化。

品名：紙膜
規格：卷、包。
功能：用來固定水晶指甲延伸制作過
　　　程中的材料。

品名：尖夾
功能：夾取小的飾品黏貼在甲片上。

品名：顏料
規格：油性、水性。
功能：依照不同圖案設計畫在指甲上
　　　或甲片上。

Part 1

基礎技巧

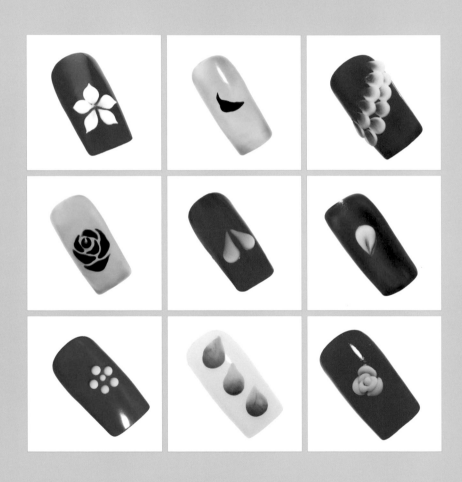

Basic skill

基礎技巧 Basic skill
NO.1

材料工具 Material and Tool

- 藍色指甲油
- 粉雕筆
- 3D 溶劑
- 白色粉雕粉
- 甲片
- 甲片座

取粉雕方法

步驟說明 Step by step

01
以粉雕筆沾取 3D 溶劑。

02
將粉雕筆筆尖輕靠於溶劑杯緣，以便刷除多餘的溶劑，使粉雕筆筆尖的濕度適中。

03
以粉雕筆筆尖沾取適量白色粉雕粉。

04
放在甲片上，做一小圓點即可。

粉雕筆筆尖沾取 3D 溶劑過濕，容易造成型散，無法讓粉雕成型。

 太濕→失敗

粉雕筆筆尖沾取 3D 溶劑過少，沾取 3D 粉雕粉時容易結塊，同樣無法讓粉雕成型。

 太乾→失敗

教學影片

基礎技巧 Basic skill
NO.2

圓點花

材料工具 Material and Tool

- 紅色指甲油
- 白色粉雕粉
- 粉雕筆
- 甲片
- 3D 溶劑
- 甲片座

步驟說明 Step by step

01
塗紅色指甲油做為底色。以粉雕筆筆尖沾取適量 3D 溶劑及白色粉雕粉做小圓點在甲片中，做為花心。（如圖示 A1）

02
在花心上方，做另一個圓點。（如圖示 A2）Point：圓點大小需比步驟 1 的花心大點。

03
在花心右側與左側各做一個大小相同的圓點。（如圖示 A3）

04
在花心的右下方再做一個圓點。（如圖示 A4）

05
最後在花心的左下方做一個圓點即可完成。（如圖示 A5）

06
完成！

圖形示範 Graph demonstration

A1

A2

A3

A4

A5

教學影片

基礎技巧 Basic skill
NO.3

材料工具 Material and Tool

- 紅色指甲油
- 白色粉雕粉
- 粉雕筆
- 甲片
- 3D 溶劑
- 甲片座

水滴

步驟說明 Step by step

01

塗紅色指甲油做為底色。將粉雕筆沾適量 3D 溶劑後，取適量的白色粉雕粉，在甲片上做圓點。(如圖示 A1)

02

以粉雕筆從圓點中心向下延伸。(如圖示 A2、A3)

03

Point：水滴形狀與方向，會因不同的設計而延伸出不同的變化。(如圖示 A4)

04

完成！

圖形示範 Graph demonstration

A1

A2

A3

A4

教學影片

基礎技巧 Basic skill
NO.4

材料工具 Material and Tool

- 紅色指甲油
- 白色粉雕粉
- 粉雕筆
- 甲片
- 3D 溶劑
- 甲片座

愛心

步驟說明 Step by step

01

塗紅色指甲油做為底色。
將粉雕筆沾適量 3D 溶劑
後，沾取適量白色粉雕粉
在甲片上做圓點。（如圖
示 A1）

02

承步驟 1，以粉雕筆筆尖
從圓點中心向右下延伸。
（如圖示 A2）

03

形成水滴狀造型。（如圖
示 A3）

04

取白色粉雕粉放在已完成
水滴的右側。再以粉雕筆
筆尖向左下角延伸。（如
圖示 A4）

05

以粉雕筆筆尖和筆身加以
修飾，即完成愛心造型。
（如圖示 A5）

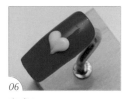

06

完成！

圖形示範 Graph demonstration

A1　　A2　　A3　　A4　　A5

教學影片

13

基礎技巧 Basic skill
NO.5

材料工具 Material and Tool

- 紅色指甲油
- 粉雕筆
- 3D 溶劑
- 白色粉雕粉
- 甲片
- 甲片座

水滴花

步驟說明 Step by step

01
塗紅色指甲油做為底色。粉雕筆筆尖沾適量 3D 溶劑及白色粉雕粉在甲片上做圓點。

02
以粉雕筆筆尖從圓點中心向下延伸,形成水滴狀。(如圖示 A1)

03
重複步驟 1-2,拉出右側第二個水滴。(如圖示 A2)

04
重複步驟 1-2,拉出左側的第三個水滴。(如圖示 A3)

05
重複步驟 1-2,在水滴的對角再拉出第四個水滴。(如圖示 A4)

06
最後以對角方式,依序完成水滴花。(如圖示 A5)

圖 形 示 範 Graph demonstration

| A1 | A2 | A3 | A4 | A5 |

教學影片

基礎技巧 Basic skill
NO.6

材料工具 Material and Tool

- 紅色指甲油
- 粉雕筆
- 3D 溶劑
- 白色粉雕粉
- 甲片
- 甲片座

菊花

步驟說明 Step by step

01
塗紅色指甲油做為底色。以粉雕筆筆尖沾適量 3D 溶劑及白色粉雕粉，以筆尖從圓點中心往下拉出水滴。（如圖示 A1）

02
在水滴正下方拉出水滴。（如圖示 A2）

03
在兩滴水滴的左側拉出一橫向水滴。（如圖示 A3）

04
在兩滴水滴的右側拉出一橫向水滴。（如圖示 A4）

05
形成十字水滴使水滴花瓣能對稱。（如圖示 A5）

06
在左上水滴間拉出水滴。（如圖示 A6）

07
在左下水滴間拉出水滴。（如圖示 A7）

08
依序在左右下水滴間完成水滴形狀，形成菊花。（如圖示 A8）

圖形示範 Graph demonstration

| A1 | A2 | A3 | A4 | A5 | A6 | A7 | A8 |

教學影片

15

材料工具 Material and Tool

- 藍色指甲油
- 粉雕筆
- 3D 溶劑
- 白色粉雕粉
- 甲片
- 甲片座

水滴中心壓紋

步驟說明 Step by step

01
塗藍色指甲油做為底色。
粉雕筆筆尖沾適量 3D 溶劑
及白色粉雕粉後，在甲片
上做圓點。（如圖示 A1）
Point：粉雕筆筆尖沾取溶劑
的濕度與沾粉雕粉的時間，
會影響粉量的多寡。

02
將粉雕筆筆尖向圓點中心
往下延伸拉尖，形成水滴
狀。（如圖示 A2）Point：
向下延伸的力道不可太大，
避免形成拉痕。

03
以粉雕筆筆尖從水滴尖頭
斜 45 度向下壓出花紋。
（如圖示 B）

04
最後以粉雕筆筆尖修飾。
（如圖示 A3）

圖 形 示 範 Graph demonstration

示
A

A2

A3

示
B

45°

教學影片

16

基礎技巧 Basic skill
NO.8

材料工具 Material and Tool

- ● 藍色指甲油
- ● 粉雕筆
- ● 3D 溶劑
- ● 白色粉雕粉
- ● 甲片
- ● 甲片座

水滴立體壓紋

步驟說明 Step by step

01

塗藍色指甲油做為底色。粉雕筆筆尖沾適量 3D 溶劑及白色粉雕粉在甲片上做圓點。（如圖示 A1）

02

拉出水滴狀後，以粉雕筆筆尖從水滴尖頭斜 30 度向下輕壓水滴中心。（如圖示 A2、B）

03

再以粉雕筆筆尖向左右側斜 30 度下壓並往左右斜壓、輕推。（如圖示 A3）

04

使用粉雕筆筆身壓出扇形圖樣。（如圖示 A4）

05

以粉雕筆筆尖和筆身加以修飾。（如圖示 A5）

06

完成！

教學影片

圖 形 示 範 Graph demonstration

示
A

A1

A2

A3

A4

A5

示
B

基礎技巧 Basic skill
NO.9

材料工具 Material and Tool

- 藍色指甲油
- 粉雕筆
- 3D 溶劑
- 白色粉雕粉
- 甲片
- 甲片座

水滴直線壓紋

步驟說明 Step by step

01
塗藍色指甲油做為底色。
粉雕筆筆尖沾適量 3D 溶
劑及白色粉雕粉，在甲片
上做一個水滴造型。（如
圖示 A1）

02
以粉雕筆筆身將水滴壓成
扁平狀。（如圖示 A2）

03
利用筆身向水滴尖頭處略
呈 60 度角劃出一條切線。
（如圖示 B）

04
切線的長度大約為總長度
的 1/2。

05
最後以粉雕筆筆尖加以修
飾。（如圖示 A3）

 **Graph demonstration**

圖
示
A

A1   A2   A3

圖
示
B

教學影片

材料工具 Material and Tool

- 黃、橘、紅、綠色粉雕粉
- 粉雕筆　　　　● 甲片
- 3D 溶劑　　　● 甲片座

雙色變化

步驟說明 Step by step

01
粉雕筆尖沾適量 3D 溶劑及黃色粉雕粉。

02
同時，沾取適量的橘色粉雕粉。

03
形成雙色粉後，放於甲片上做圓點。（如圖示 A1）

04
以粉雕筆筆尖從圓點中心點向右上方延伸形成水滴狀。（如圖示 A2）

05
以粉雕筆筆身，將水滴輕壓平。

06
以粉雕筆筆尖和粉雕筆筆身加以修飾，即完成雙色水滴形狀。Point：沾粉的時間會影響顏色的深淺與分佈。

07
Point：雙色暈染以及配色重點在於必須先沾取淺色粉後，再沾取深色粉才可形成自然雙色暈染效果。

08
Point：配色參考—黃色／橘色；黃色／紅色；黃色／綠色。

圖形示範
Graph demonstration

A1

A2

教學影片

基礎技巧 Basic skill
NO.11

材料工具 Material and Tool

- 綠色粉雕粉
- 粉雕筆
- 甲片座
- 3D 溶劑
- 甲片

葉子 ①

步驟說明 Step by step

01

將粉雕筆筆尖沾取適量 3D
溶劑及綠色粉雕粉，在甲
片中心做一個圓點。（如
圖示 A1、A2）

02

以粉雕筆筆尖向上及向下
延伸形成葉片狀。（如圖
示 A3）

03

以粉雕筆筆身將粉雕粉壓
平成寬扁狀，並以粉雕筆
筆尖在葉片末端劃出葉脈
紋。（如圖示 A4、A5）

04

以粉雕筆筆身與筆尖加以
修飾後，葉子①的造型即
完成。

圖形示範 Graph demonstration

A1

A2

A3

A4

A5

教學影片

基礎技巧 Basic skill
NO.12

材料工具 Material and Tool

- 綠色粉雕粉
- 粉雕筆
- 甲片座
- 3D 溶劑
- 甲片

葉子②

步驟說明 Step by step

01
將粉雕筆筆尖沾取 3D 溶劑及綠色粉雕粉在甲片中心做圓。（如圖示 A1、A2）

02
以粉雕筆筆尖向上及向下延伸形成葉片狀。（如圖示 A3）

03
用粉雕筆筆尖在葉片前端中心輕壓出紋路。（如圖示 A4）Point：甲片與粉雕筆身的角度呈現 45 度角。（如圖示 B）

04
最後以粉雕筆筆尖加以修飾，葉子②造型即完成。（如圖示 A5）

圖形示範 Graph demonstration

圖示 A

A1　A2　A3　A4　A5　圖示 B

教學影片

21

基礎技巧 Basic skill
NO.13

材料工具 Material and Tool

- 綠色粉雕粉
- 粉雕筆
- 甲片座
- 3D 溶劑
- 甲片

葉子③

步驟說明 Step by step

01
重複 P.12 水滴做法畫出一邊，另一邊也用相同方法對拉成一個菱形。（如圖示 A1、A2、A3）

02
以粉雕筆筆身將葉子中心均勻壓平。（如圖示 A4）

03
對粉雕筆筆身壓成扁平。在葉片中央割出中間的葉脈紋。（如圖示 A5）

04
在葉片中心左右兩旁切出葉脈紋路。（如圖示 A6）
Point：粉雕粉要濕一點才可連續做出紋路，若粉已乾，則可用刀片刻劃出紋路。

05
最後以粉雕筆筆身修飾葉片，即可完成。

教學影片

圖形示範
Graph demonstration

A1

A2

A3

A4

A5

A6

基礎技巧 Basic skill

NO.14

材料工具 Material and Tool

- 平口挖棒
- 粉雕筆
- 3D 溶劑
- 白、綠色粉雕粉
- 離型紙
- 尖夾

葉子④

步驟說明 Step by step

01
以粉雕筆取適量 3D 溶劑及白色粉雕粉，在離型紙上拉出半邊葉形。

02
另一邊也用相同方法對拉成菱形，用粉雕筆筆身將葉子中心均勻壓平。

03
重複步驟 1-2，做出兩片一樣的葉片。

04
以平口挖棒在葉片中心左右兩旁壓出葉脈紋路。

05
待半乾後，以粉雕筆沾綠色、咖啡色粉雕粉先後將葉片上色。

06
最後將離型紙用手捲起，使離型紙捲曲待乾，做出葉片捲度，即可完成。

基礎技巧 Basic skill
NO.15

材料工具 Material and Tool

- ● 紅色指甲油
- ● 粉雕筆
- ● 3D 溶劑
- ● 白色粉雕粉
- ● 甲片
- ● 甲片座

葉子花

步驟說明 Step by step

01
重複 P.20 步驟 1-2 做出葉片,形成菱形。

02
以粉雕筆筆尖加以修飾,完成葉子。(如圖示 A1)

03
重複步驟 1-2 依此類推。(如圖示 A2)

04
依序完成後面的葉子。(如圖示 A3、A4)

05
最後以粉雕筆筆身修飾葉子花。(如圖示 A5)

圖形示範 Graph demonstration

A1　　　A2　　　A3　　　A4　　　A5

基礎技巧 Basic skill
NO.16

材料工具 Material and Tool

- 紅色指甲油
- 粉雕筆
- 3D 溶劑
- 白色粉雕粉
- 甲片
- 甲片座

三角形緞帶

步驟說明 Step by step

01
塗紅色指甲油做為底色。
粉雕筆尖沾適量 3D 溶劑
及白色粉雕粉放在甲片
上。（如圖示 A1）

02
利用粉雕筆筆尖向上延伸，
做成水滴的形狀。（如圖
示 A2）

03
以粉雕筆筆尖在水滴的右
側邊直線往下延伸。（如
圖示 A3）Point：水滴的濕
度要濕一點，才可連續拉出
尖的形狀。

04
形成一個三角形。（如圖
示 A4）

05
重複步驟 1-4，用筆尖在
水滴左側邊直線往下延
伸，即完成三角形緞帶。
（如圖示 A5、A6）

教學影片

圖形示範
Graph demonstration

| A1 | A2 | A3 | A4 | A5 | A6 |

基礎技巧 Basic skill
NO.17

材料工具 Material and Tool

- 紅色指甲油
- 粉雕筆
- 3D 溶劑
- 白色粉雕粉
- 甲片
- 甲片座

蕾絲變化花紋

步驟說明 Step by step

01

塗上紅色指甲油做為底色。粉雕筆筆尖沾取適量 3D 溶劑及白色粉雕粉在甲片做圓點。（如圖示 A1）

02

利用粉雕筆筆尖從中心向上延伸形成水滴狀。（如圖示 A2）

03

以粉雕筆筆身從水滴的尖頭處斜 75 度輕壓扁平，呈現扇形立體壓紋。（參考 P.19 及圖示 A3、A4、A5）

04

重複步驟 1-3，於水滴壓紋旁做花紋。

05

以筆身加以修飾。

06

呈現並排的水滴扇形立體壓紋。

07

重複步驟 1-3，形成第 3 片水滴壓紋。

08

重複步驟 1-3，形成第 4 片水滴壓紋。

09

重複步驟 1-3，形成一整排的水滴壓紋。

10

以粉雕筆筆尖修飾水滴壓紋。

11

呈現弧線排列的水滴壓紋造型。

12

重複步驟 1-3，在水滴與水滴上方中間做出水滴。

13

重複步驟 1-3，做出水滴。

14

依序做出水滴後，以弧線向上排列。

15

最後以粉雕筆筆尖加以修飾，蕾絲變化壓紋即完成。

圖 形 示 範 **Graph demonstration**

圖示 A

A1

A2

A3

A4

A5

圖示 B

教學影片

27

基礎技巧 Basic skill
NO.18

材料工具 Material and Tool

- 紅色指甲油
- 粉雕筆
- 3D 溶劑
- 白色粉雕粉
- 甲片
- 甲片座

水滴緞帶

步驟說明 Step by step

01
粉雕筆尖沾適量 3D 溶劑
及白色粉雕粉後放在甲片
上。（如圖示 A1）

02
以粉雕筆筆尖將粉往斜上
拉尖，拉出水滴形狀。（如
圖示 A2、A3）

03
重複步驟 1-2，拉出對稱水
滴形狀。

04
水滴型緞帶即完成。

圖形示範 Graph demonstration

A1　　A2　　A3　　A4　　A5

教學影片

基礎技巧 Basic skill
NO.19

材料工具 Material and Tool

- 紅色指甲油
- 白色粉雕粉
- 粉雕筆
- 甲片
- 3D 溶劑
- 甲片座

倒 V 形緞帶

步驟說明 Step by step

01

塗紅色指甲油做為底色。粉雕筆筆尖沾適量 3D 溶劑及白色粉雕粉放在甲片上。（如圖示 A1、A2）

02

以粉雕筆筆尖拉出水滴後，再向水滴左和右下方延伸，使緞帶成倒 V 的樣式即可完成。（如圖示 A3、A4）
Point：水滴的濕度要濕一點，才可連續拉成倒 V 狀。

03

重複步驟 1-2 做另一倒 V 型緞帶。（如圖示 A5-A8）

教學影片

圖形示範 Graph demonstration

A1   A2   A3   A4   A5   A6   A7   A8

基礎技巧 Basic skill
NO.20

材料工具 Material and Tool

- 紅色指甲油
- 白、黃色粉雕粉
- 粉雕筆
- 甲片
- 3D 溶劑
- 甲片座

基礎蝴蝶結 ①

步驟說明 Step by step

01
塗紅色指甲油做為底色。粉雕筆尖沾適量 3D 溶劑及白色粉雕粉,放在甲片上做橫向水滴形狀。(如圖示 A1)

02
重複步驟 1,在水滴的右側做出對稱的水滴形狀。(如圖示 A2)

03
重複步驟 1,在水滴下方,做另一水滴形狀。

04
重複步驟 1,在水滴下方,做另一水滴形狀,形成左右側邊的愛心形狀。(如圖示 A3)Point:將左右兩個水滴做出對稱的愛心先由左上 1→右上 2→左下 3→右下 4,如此水滴的高低與大小差距才不會太大。

05
在左側愛心的下方,做一個向上延伸的水滴。(如圖示 A4)

06
重複步驟 5,在右側愛心下方,做一個向上延伸的水滴形狀。(如圖示 A5)

07
最後以粉雕筆筆尖沾取少許黃色粉雕粉,做為結目即完成蝴蝶結造型。(如圖示 A6)

教學影片

圖形示範
Graph demonstration

A1

A2

A3

A4

A5

A6

基礎技巧 Basic skill
NO.21

材料工具 Material and Tool

- 紅色指甲油
- 白、黃色粉雕粉
- 粉雕筆
- 甲片
- 3D 溶劑
- 甲片座

基礎蝴蝶結 ②

步驟說明 Step by step

01
塗紅色指甲油做為底色。粉雕筆取適量 3D 溶劑及白色粉雕粉在甲片上做水滴形狀。

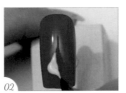

02
利用粉雕筆筆尖在水滴的右側往下延伸，形成三角形緞帶。（參考 P.25 及圖示 A1）

03
重複步驟 1-2，完成三角形緞帶形狀。（如圖示 A2）

04
沾取少許白色粉雕粉在緞帶上方做橫向的水滴，並以粉雕筆筆尖在水滴下側做壓紋。

05
形成一中空立體蝴蝶結形狀。（如圖示 A3）Point：粉雕筆筆身與物體成 20 度角度。

06
重複步驟 4-5，再做一對稱的中空立體蝴蝶結形狀。（如圖示 A4）

07
在結目上點黃色粉雕粉做點綴，立體蝴蝶結②即完成。（如圖示 A5）

教學影片

圖 形 示 範 Graph demonstration

圖示 A

A1

A2

A3

A4

A5

圖示 B

基礎技巧 Basic skill
NO.22

材料工具 Material and Tool

- 紅色指甲油
- 白、黃色粉雕粉
- 粉雕筆
- 甲片
- 3D 溶劑
- 甲片座

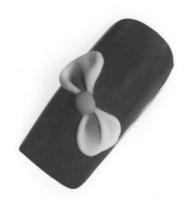

基礎蝴蝶結 ③

步驟說明 Step by step

01
塗紅色指甲油做為底色。
粉雕筆沾取適量 3D 溶劑
及白色粉雕粉在甲片上做
水滴。（如圖示 A1）

02
以粉雕筆筆身在甲片上的
水滴形狀均勻輕壓成扁平。
（如圖示 A2）

03
以粉雕筆筆尖在水滴形狀
下方 1/2 處，斜 30 度做壓
紋，呈現中空立體樣式。
（如圖示 A3）

04
重複步驟 1-3，做水滴壓紋。
（如圖示 A4）

05
在結目上點黃色粉雕粉做
點綴，立體蝴蝶結③即完
成。（如圖示 A5）

教學影片

圖形示範 Graph demonstration

A1　　A2　　A3　　A4　　A5

基礎技巧 Basic skill
NO.23

材料工具 Material and Tool

- 紅色指甲油
- 粉雕筆
- 3D 溶劑
- 白、黃色粉雕粉
- 甲片
- 甲片座

基礎蝴蝶結 ④

步驟說明 Step by step

01
塗紅色指甲油做為底色。粉雕筆沾取適量 3D 溶劑及白色粉雕粉在甲片上做倒 V 型緞帶。（參考 P.29。）

02
重複步驟 1，完成另外一邊，需要左右對稱。（如圖示 A1）

03
在緞帶左上方做一橫向基礎蝴蝶結②。（參考 P.31 及圖示 A2、A3）

04
重複步驟 3，完成另一邊蝴蝶結需要左右對稱。(如圖示 A4、A5)

05
在基礎蝴蝶結②上方做一個左右對稱且橫向的小水滴造型。（參考 P.32 及圖示 A6-A8）

06
在結目上點黃色粉雕粉做點綴，立體蝴蝶結④即可完成。

教學影片

圖形示範 Graph demonstration

| A1 | A2 | A3 | A4 | A5 | A6 | A7 | A8 |

材料工具 Material and Tool

- 黃色指甲油
- 粉雕筆
- 3D 溶劑
- 黑色粉雕粉
- 甲片
- 甲片座

下弦月形玫瑰花瓣

步驟說明 Step by step

01
塗黃色指甲油做為底色。
粉雕筆筆尖沾黑色粉,在
甲片上做一個小圓點。
(如圖示 A1)

02
重複 P.12 水滴基礎步驟來
延伸成半月形圖案。(如
圖示 A2)

03
半月形圖案。

04
加以修飾。(如圖示 A3)

05
即完成下弦月型的花瓣。
(如圖示 A4)

圖 形 示 範 Graph demonstration

A1

A2

A3

A4

教學影片

材料工具 Material and Tool

- 紅色指甲油
- 白色粉雕粉
- 粉雕筆
- 3D 溶劑
- 甲片
- 甲片座

教學影片

玫瑰花 ① （外向內花瓣）

步驟說明 Step by step

01
塗紅色指甲油做為底色。
粉雕筆筆尖沾適量 3D 溶
劑及白色粉雕粉，在甲片
上做圓點。

02
以粉雕筆筆尖斜 80 度微
壓，塑成半月形花瓣。

03
在半月型花瓣左側再做一
片花瓣。

04
在兩枚花瓣之間，再做一
片花瓣。

05
沾少許粉雕粉在 3 枚花瓣
中做小圓點。

06
將粉雕筆筆尖放於中心點，
往右下方微壓。

07
使圓點塑形為內層的花瓣。

08
重複步驟 5-7，再將粉雕
筆筆尖放於中心點，往左
下方微壓。

09
將圓點塑形為內層的花
瓣，並向右上方微壓。

10
以粉雕筆筆尖向中心點做
垂直 90 度的按壓，形成
一個立體凹槽。

11
最後沾取少許白色粉雕粉
做小圓點，將小圓點放在
立體凹槽中即完成。

圖 形 示 範
Graph demonstration

材料工具 Material and Tool

- 黃色指甲油
- 黑色粉雕粉
- 粉雕筆
- 甲片
- 3D 溶劑
- 甲片座

玫瑰花 ② (內向外花瓣)

步驟說明 Step by step

01
塗黃色指甲油做為底色。
粉雕筆尖沾適量 3D 溶劑
及黑色粉雕粉在甲片上做
圓點。（如圖示 A1 ）

02
以粉雕筆筆尖 90 度按壓
圓點中心做為花心。（如
圖示 A2、B ）

03
在圓點下方做上弦月形的
花瓣。（參考 P.34。）

04
在圓點的右上方，再做一
半月形花瓣。

05
再做一枚半月形花瓣，將
花心包圍。（如圖示 A3 ）

06
在花瓣中間，依序做外層
花瓣。Point：外層花瓣需
比內層花瓣較大較長，才會
有層次感。

07
最後以粉雕筆筆尖修飾花
瓣的邊緣，即可完成。(如
圖示 A4)

教學影片

圖 形 示 範 Graph demonstration

示
A

示
B

A1   A2   A3   A4

Part 2

進階技巧

Advenced skill

進階技巧 Advanced skill
NO.1

- 黑色指甲油
- 粉雕筆
- 3D 溶劑
- 白色粉雕粉
- 甲片
- 甲片座

平面立體疊花片

步驟說明 Step by step

01
塗黑色指甲油為底色。粉雕筆筆尖沾適量 3D 溶劑及白色粉雕粉在甲片上做小圓點。

02
輕輕壓成扁平後,再將兩側壓平。

03
將粉雕筆筆尖從中心點向上延伸,拉出葉子葉尖的造型。

04
即完成葉子片 1。

05
將白色粉雕粉放在葉子片的右側,再重複步驟 1。

06
重複步驟 2-3,完成葉片子。

07

重複步驟 1-4，依序做出葉子片即完成底層。Point：底層花瓣必須平薄立體，花瓣間距需密集。

08

重複步驟 1-3，將白色粉雕粉放在底層葉子片的間隙上，即完成葉子片。Point：注意溶劑濕度，放置位置以及輕壓的力道，會使花瓣層疊更分明。

09

重複步驟 8，依序做出葉子片。

10

取白色粉雕粉後，將白色粉雕粉放於葉子片之間，做葉子片。Point：需注意粉的濕度不要太濕，兩側耳朵較為立體。

11

接著取少許白色粉雕粉做小圓點，放在葉子片的中心。Point：注意粉的大小與濕度，圓點必須呈現立體圓的效果。

12

最後用粉雕筆筆尖垂直點壓花蕊，使花蕊鏤空更添立體感。

13

即完成平面立體疊花片。

教學影片

進階技巧 Advanced skill
NO.2

材料工具 Material and Tool

- 黃色指甲油
- 粉雕筆
- 3D 溶劑
- 白色粉雕粉
- 甲片
- 甲片座

平面立體水滴花片

步驟說明 Step by step

01
塗黃色指甲油為底色。粉雕筆筆尖沾取適量 3D 溶劑及白色粉雕粉，在甲片上做水滴狀。

02
以粉雕筆筆尖向右側 1/2 處輕壓平，做一水滴花瓣。

03
重複步驟 1-2，形成花瓣後花瓣與花瓣的邊緣部分要相疊。Point：注意放粉位置與溶劑濕度，花瓣 2 必須部分層疊在花瓣 1 上。

04
水滴花瓣的壓紋，會使花瓣與花瓣之間形成立體層疊效果。

05
重複步驟 1-3，完成水滴花瓣。

06
重複步驟 5，逐一完成其他水滴花瓣。

07
重複步驟 6，注意側邊壓平薄，勿直接壓在花瓣 1 左側，立體水滴疊花即完成。Point：花瓣 5 與花瓣 1 的層疊需注意，不可直接壓在花瓣上方，完成後每片花瓣相層疊呈現立體狀。（必須呈現）

08
完成！

教學影片

40

進階技巧 Advanced skill
NO.3

材料工具 Material and Tool

- 白、綠、黃色粉雕粉
- 粉雕筆
- 3D 溶劑
- 牙籤
- 尖夾
- 甲片膠
- 離型紙

海芋

步驟說明 Step by step

花瓣製作

01
粉雕筆筆尖沾適量 3D 溶劑及白色粉雕粉，放置於離型紙上。

02
利用粉雕筆筆尖將白色粉雕粉拉成葉片狀。Point：粉雕筆的濕度要濕一點才可以取較多的白色粉雕粉，也可將白色粉雕粉一併拉成小葉片狀。

03
再以粉雕筆筆身均勻輕壓成扁平。

04
以粉雕筆筆身將葉片向兩側拓寬，成寬葉片狀。

05
利用尖夾輕輕的取下即可。Point：若輪廓無法呈現寬厚狀，可使用小剪刀做修剪。

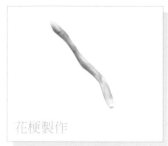

花梗製作

01
粉雕筆筆尖沾適量 3D 溶劑，先取黃色粉雕粉後，再沾取綠色粉雕粉，放在離型紙上做雙色取粉變化。（「雙色變化」參考 P.19）

02
將粉雕粉放在離型紙上拉長並輕壓扁平。

03
呈現雙色暈染變化。

04
待乾後，以尖夾將長條狀粉雕輕輕取下。

05
以尖夾將條狀做垂直的對捲。Point：利用粉雕粉尚未乾，無需使用甲片膠，即可直接捲成一細條狀。

06
並以手指將條狀粉雕輕壓輕捏成一細條狀即可。

葉捲製作

01
粉雕筆筆尖沾適量 3D 溶劑及黃色粉雕粉後，再沾取綠色粉雕粉，放在離型紙上，做雙色取粉變化。

02
利用粉雕筆筆身加以修飾。

03

修飾成長條狀。

04

待乾後以尖夾輕輕取下。

05

將長條狀粉雕纏繞在牙籤上，待乾後拆下，葉捲即完成。

06

Point：牙籤的粗細度適中，呈現出來的捲度也較自然。

葉子製作

01

以粉雕筆筆尖沾適量 3D 溶劑，先取黃色粉雕粉後，再沾取綠色粉雕粉，放在離型紙上做雙色取粉變化。

02

利用粉雕筆筆尖拉尖，做葉片型的延伸。

03

以粉雕筆筆尖修飾葉片的形狀。

04

並以粉雕筆筆身將粉雕均勻輕壓成扁平。

05

最後再以粉雕筆筆尖加以修飾即可完成。

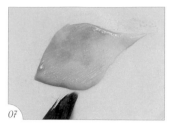

07

如圖，葉片狀完成。

● 海芋花葉結合

01

在海芋花片下緣塗上少許的甲片膠。

02

再將花梗黏在花片上，利用尖夾輕壓固定。

03

用食指與姆指捏壓花梗與花片，使其牢固。

04

取少許的黃色粉雕粉，放在花片中心。Point：關於黃色蕊心位置，海芋花片上方需留部分白，整體的比例會比較雅觀。

05

取下葉片。

06

在葉片的下緣塗上甲片膠，再黏貼在海芋花梗處。

07

待乾固定後，海芋造型即完成。

08

完成！

教學影片

進階技巧 Advanced skill
NO.4

材料工具 Material and Tool

- 綠色粉雕粉
- 粉雕筆
- 3D 溶劑
- 離型紙
- 尖夾
- 甲片膠

不規則立體疊花片

步驟說明 Step by step

01

粉雕筆筆尖沾適量 3D 溶劑，取綠色粉雕粉放在離型紙上壓扁平。

02

承步驟 1，壓成長型橢圓狀。

03

待半乾後，再用尖夾取下。

04

以尖夾從中心夾住將橢圓從左側開始向右捲起。

05

將花瓣捲成像蕊心的形狀，做為花蕊，待乾備用。

06

在離型紙上，以粉雕筆筆尖沾取適量綠色粉雕粉並輕壓成扁平，形成水滴花瓣形狀。

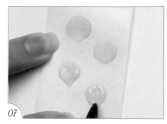

07

重複步驟 6，做出 4 片小花瓣。

08

以尖夾取下花瓣。

09

在小花瓣的下緣，塗上甲片膠。

10

將花蕊與花瓣黏合。

11

利用食指和拇指，將小花瓣與花蕊輕壓黏合。

12

重複步驟 8-10，依序將小花瓣，層疊黏合包覆。

13

在另一片離型紙上，沾取適量綠色粉離粉，輕壓成水滴花瓣形狀。Point：花瓣需大一點，黏貼後由花蕊向外呈現由小到大的包覆效果。

14

重複步驟六，做出數片小花瓣。

15

依序將小花瓣，穿插層疊的黏合。

16

即完成 3D 立體玫瑰花。

教學影片

立體蝴蝶結①

材料工具 Material and Tool

- 橘色粉雕粉
- 尖夾
- 粉雕筆
- 離型紙
- 3D 溶劑

步驟說明 Step by step

01
粉雕筆筆尖沾適量 3D 溶劑及橘色粉雕粉放在離型紙上。（如圖示 A1）

02
以粉雕筆筆身將圓點塗均勻且輕壓扁平。

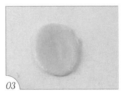

03
以粉雕筆筆尖將粉雕修飾成橢圓形。（如圖示 A2）

04
以尖夾為輔助，將橢圓形粉雕對折。（如圖示 A3）

05
再以尖夾從中心對折。（如圖示 A4）

06
完成立體蝴蝶結造型。

圖 形 示 範 Graph demonstration

A1

A2

A3

A4

教學影片

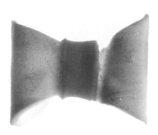

材料工具 Material and Tool

- 白、綠色粉雕粉
- 甲片膠
- 粉雕筆
- 3D 溶劑
- 剪刀
- 尖夾
- 離型紙

立體蝴蝶結 ②

步驟說明 Step by step

01
以粉雕筆筆尖沾適量 3D 溶劑及適量白色粉雕粉放離型紙上。（如圖示 A1）

02
以粉雕筆筆尖將白色粉雕粉延伸成條狀。（如圖示 A2）

03
以粉雕筆筆身塗均勻且壓扁平，使白色粉雕粉呈現寬扁橢圓。

04
重複步驟 1-3，在離型紙上再做另一個寬扁橢圓。

05
待粉雕微乾後，以尖夾將橢圓形的粉雕對折。（如圖示 A3）

06
使粉雕輪廓大小相對稱後，可利用剪刀稍微修剪。

07

以甲片膠將粉雕相互黏貼。

08

黏上後，即形成蝴蝶結的雛形。（如圖示 A4）

09

沾取適量 3D 溶劑及少許綠色粉雕粉放在離型紙上。

10

以粉雕筆筆尖延伸，拉出一細長條狀。（如圖示 B1）

11

待細長條狀微乾後，以尖夾取下。

12

將條狀黏於蝴蝶結的相接處。（如圖示 B2）

13

最後用環繞固定方式固定在蝴蝶結結目上即完成。（如圖示 B3）

圖 形 示 範 Graph demonstration

圖示 A				圖示 B		
A1	A2	A3	A4	B1	B2	B3

進階技巧 Advanced skill
NO.7

材料工具 Material and Tool

- 粉紅、黑色粉雕粉
- 甲片
- 粉雕筆
- 離型紙
- 3D 溶劑

高跟鞋

步驟說明 Step by step

01

如圖,將離型紙折階梯狀。

02

以粉雕筆取適量 3D 溶劑及黑色粉雕粉,在離型紙折痕處放上黑色粉雕粉,做出高跟鞋的鞋型。

03

如圖,以粉雕筆在高跟鞋內部壓出一個凹槽,增加立體感。

04

先以粉雕筆取粉紅色粉雕粉,並在鞋頭上雕出一個蝴蝶結。

05

待半乾後,取下高跟鞋倒放在桌上,以粉雕筆取黑色粉雕粉,做一個鞋跟。
Point:利用粉雕粉的延展性,延伸拉長鞋跟部分。

06

以粉雕筆取黑色粉雕粉,在鞋跟底部拉尖處做一個圓點,做為跟底。

07

最後,以粉雕筆取粉紅色粉雕粉,並將高跟鞋凹槽填滿,使鞋墊與鞋型呈現立體層次感。

08

完成!

Part 3

假日心情

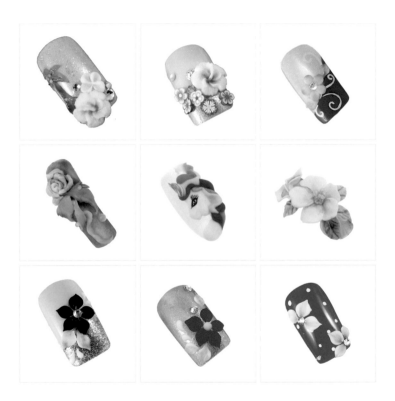

假日心情 Vacation
NO.1

花園城堡

材料工具 Materials

- 指甲油

銀色亮彩　粉紅亮彩

- 粉雕粉

① ② ③

① 桃紅色
② 綠色
③ 白色

- 粉雕筆
- 3D 溶劑
- 甲片
- 甲片座

步驟說明 Step by step

01

塗銀色亮彩指甲油做為底色。待乾後從甲片右上角至左下角，刷上粉紅色亮彩指甲油。

02

在甲片中心做花瓣。（「水滴中心壓紋」參考 P.16。）

03

依順序做出一朵花。（「水滴花」參考 P.14。）

04

在甲片的左側邊緣，做兩片花瓣。

05

在兩朵花的下方，做兩片雙色葉片即可。（「雙色變化」參考 P.19。）

假日心情 Vacation
NO.2

香榭大道

材料工具 Materials

- 指甲油

深紅色　銀色亮彩

- 粉雕粉

① 粉紅色
② 黃色
③ 白色

- 粉雕筆
- 3D 溶劑
- 甲片
- 甲片座

步驟說明 Step by step

01

塗深紅色指甲油做為底色。待乾後用銀色亮彩指甲油在甲片上畫十字型線條。

02

在甲片中間做水滴花瓣。（「水滴花」參考 P.14。）

03

重複步驟 2，依序做出水滴花瓣。

04

取粉紅色粉雕粉做小圓點，放在花朵中間做為花心。

05

在甲片右側邊緣做一朵水滴花，最後再取黃色粉雕粉做小圓點，放在花朵中間做為花心即可。

假日心情 Vacation
NO.3

普羅旺斯

材料工具 Materials

- 指甲油

  紅色　銀色亮彩

- 粉雕粉

  ① ②

  ① 黃色
  ② 白色

- 甲片
- 圓點筆
- 顏料（黃色）
- 粉雕筆
- 甲片座

- 3D 溶劑
- 彩繪筆

步驟說明 Step by step

01
在甲片後端塗上紅色指甲油，做出法式圖樣。

02
在甲片左下側，做水滴花瓣。（「水滴花」參考 P.14。）

03
依序做出水滴花瓣，形成一朵水滴花。

04
取少許白色粉雕粉做小圓點，放在花朵中間做為花心。

05
以圓點筆沾黃色顏料，在紅色區塊上點出小圓點的花樣。

06
在法式區塊的邊緣，用銀色亮彩指甲油畫上線條做點綴，即可完成。
Point：可使用彩繪筆沾取銀色亮彩指甲油，在區塊的上緣畫線條。

假日心情 Vacation
NO.4

羅馬假期

材料工具 Materials

- 指甲油

  紅色　青蘋果綠

- 粉雕粉

  ① 粉紅色
  ② 白色

- 甲片
- 甲片座
- 顏料（白色）
- 水鑽
- 甲片膠

- 3D 溶劑
- 彩繪筆
- 粉雕筆

步驟說明 Step by step

01

塗上青蘋果綠色指甲油做為底色。
待乾後從右上角至左下角刷紅色指
甲油。

02

以彩繪筆沾取白色顏料，在甲片上
畫捲紋圖樣。

03

在甲片中間做一朵雙色水滴花。
（「雙色變化」參考 P.19；「水滴花」
參考 P.14。）

04

在花朵中間黏一顆水鑽做為花心。

05

最後再做 2 片雙色取粉葉片做為裝
飾，即可完成。

假日心情 Vacation

NO.5

幸福旅人

材料工具 Materials

- 指甲油

  白色　黃色　銀色亮彩

- 粉雕粉

  ① ②

  ① 黃色
  ② 桃紅色

- 甲片

- 甲片座
- 顏料 (咖啡色)
- 粉雕筆
- 彩繪筆
- 3D 溶劑

步驟說明 Step by step

01

塗白色指甲油做為底色。待乾後從甲片左側中間至右下角,刷上黃色指甲油。

02

以彩繪筆沾取咖啡色顏料,在黃色區塊畫上格子紋路。

03

取桃紅色粉雕粉,在甲片上做一個上下對稱的菊花形花瓣。(「菊花」參考 P.15。)

04

重複步驟 3,依序做出其他菊花形花瓣。

05

取少許黃色粉雕粉做小圓點,放在花朵中間做為花心。

06

用銀色亮彩指甲油,在部分格紋上畫線條做點綴,即可完成。

香格里拉

假日心情 Vacation
NO.6

材料工具 Materials

- 指甲油

黃色　銀色亮彩

- 粉雕粉

① 黑色
② 綠色
③ 白色

- 粉雕筆

- 3D 溶劑
- 甲片
- 甲片座
- 甲片膠
- 水鑽

步驟說明 Step by step

01
塗黃色指甲油做為底色。

02
待指甲油乾後,在甲片下端塗上銀色亮彩指甲油,取黑色粉雕粉,在甲片上做一朵葉子花。(「葉子花」參考 P.24。)

03
取白色和綠色粉雕粉,分別在甲片上做出葉子和水滴,做為裝飾。(「雙色變化」參考 P.19。)

04
將水鑽黏貼在花朵中間做為花心,即可完成。

假日心情 Vacation
NO.7

熱情仲夏

材料工具 Materials

- 指甲油

  紅色

- 粉雕粉

  ① ②

  ① 淺綠色
  ② 白色

- 甲片
- 甲片座
- 顏料（白色）
- 水鑽
- 粉雕筆
- 3D 溶劑
- 甲片膠
- 圓點筆

步驟說明 Step by step

01

塗紅色指甲油做為底色。

02

待指甲油乾後，用圓點筆沾白色顏料，在甲片上做小圓點圖樣。

03

取白色粉雕粉，在甲片上做三片葉子花瓣。（「葉子花」參考 P.24。）

04

在甲片前端，以白色和淺綠色粉雕粉做出三片葉子花瓣。

05

最後將水鑽黏貼在花朵中間做為花心，即可完成。

假日心情 Vacation
NO.8

花漾四季

材料工具 Materials

- 指甲油

  粉紅亮彩

- 粉雕粉

  ① 紅色
  ② 黃色
  ③ 白色
  ④ 綠色

- 粉雕筆
- 3D 溶劑
- 甲片
- 甲片座
- 水鑽
- 甲片膠

步驟說明 Step by step

01

塗粉紅色亮彩指甲油做為底色。分別取紅色和黃色粉雕粉，在甲片前端做一朵紅色葉子花及黃色花心。（「葉子花」參考 P.24。）

02

以雙色取粉的方式，分別用綠色和白色粉雕粉做出葉子和水滴，做為裝飾。（「雙色變化」參考 P.19。）

03

最後黏貼上水鑽做點綴，即可完成。

假日心情 Vacation
NO.9

日光海岸

材料工具 Materials

- 指甲油

粉紅色　　金色　　銀色亮彩

- 粉雕粉

① 白色
② 紅色

- 甲片
- 甲片座

- 水鑽
- 3D 溶劑
- 甲片膠
- 粉雕筆
- 彩繪筆

步驟說明 Step by step

01

在甲片下段塗金色指甲油做底色。

02

以漸層做為色塊的方式，在金色區塊上塗粉紅色指甲油。

03

以彩繪筆沾銀色亮彩指甲油，在區塊邊緣上畫線條做點綴。

04

以粉雕筆取白色粉雕粉，在區塊邊緣上做出一朵葉子花。（「葉子花」參考 P.24。）

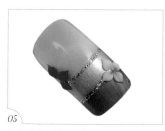

05

取紅色粉雕粉，在甲片的左側邊緣上，做半朵的葉子花。

06

最後將水鑽黏貼於局部做裝飾，即可完成。

假日心情 Vacation
NO.10

熱情洋溢

材料工具 Materials

- 指甲油

  藍綠色　淺綠色　銀色亮彩

- 粉雕粉

  ① 褐色
  ② 黃色
  ③ 橘色
  ④ 綠色
  ⑤ 白色

- 造型模具

- 水鑽
- 3D 溶劑
- 粉雕筆
- 彩繪筆

- 甲片膠
- 甲片
- 甲片座
- 顏料（粉紅色）

步驟說明 Step by step

01

塗淺綠色指甲油做為底色。待乾後在甲片前端塗上藍綠色指甲油做為海水，再取橘色和褐色粉雕粉，在甲片上做椰子樹的樹幹。

02

取綠色粉雕粉做葉片，再取少許黃色粉雕粉做小圓點，放在葉子上面做為椰子。

03

塗上少許銀色亮彩指甲油做點綴。

04

取扶桑花模具，放入黃色粉雕粉鋪均勻，形成扶桑花造型。

05

將扶桑花從模具中取出，黏貼在甲片下方，以彩繪筆沾粉紅色顏料，在扶桑花中心做暈染。取白色粉雕粉在甲片右側做立體疊花，最後黏貼上水鑽，即可完成。

假日心情 Vacation
NO.11

南法小村

材料工具 Materials

- 指甲油
- 白色粉雕粉
- 造型模具

珍珠白　淺黃色

- 造型貼片

- 甲片
- 甲片座
- 3D 溶劑

- 顏料（粉紅色）
- 彩繪筆
- 甲片膠
- 水鑽

- 粉雕筆
- 尖夾

步驟說明 Step by step

01

塗珍珠白色指甲油做為底色。待乾後在甲片前端塗上淺黃色指甲油做區塊。

02

取扶桑花模具，放入白色粉鋪均勻，形成扶桑花的造型。

03

先將扶桑花從模具中取出，黏貼在甲片下方，以彩繪筆沾取粉紅色顏料，在扶桑花中心做暈染。

04

取一些造型花貼片，黏貼點綴在扶桑花四周。

05

最後黏貼水鑽做為點綴，即可完成。

假日心情 Vacation
NO.12

水果繽紛

材料工具 Materials

● 指甲油

珍珠色

● 粉雕粉
① 紅色
② 橘色

● 造型貼片

● 平口挖棒

● 甲片
● 甲片座
● 3D 溶劑
● 彩繪筆

● 顏料（黑、白、綠色）
● 甲片膠
● 粉雕筆

步驟說明 Step by step

01
塗珍珠白色指甲油做為底色。待乾後取橘色粉雕粉，在甲片下方做一個梯形，再以平口挖棒壓格子紋路，做為籃子。

02
取水果造型貼片，分別貼在籃子上方做層疊擺放。

03
以彩繪筆沾綠色顏料，在甲片上畫葉子。取紅色粉雕粉做 2 個小圓，做為櫻桃。

04
以彩繪筆沾黑色顏料，寫上俏皮的英文文字，即可完成作品。

假日心情 Vacation
NO.13

初夏日和

材料工具 Materials

- 指甲油

  淺綠色

- 粉雕粉

  ① ② ③

  ① 咖啡色
  ② 黃色
  ③ 白色

- 造型模具

- 化妝海綿

- 3D 溶劑
- 顏料（綠色）
- 甲片膠
- 甲片

- 粉雕筆
- 水鑽
- 甲片座

步驟說明 Step by step

01

塗淺綠色指甲油做為底色。待乾後用化妝海棉沾綠色顏料，在甲片前端做壓印上色。

02

取向日葵模具，在中心放咖啡色粉雕粉。

03

在模具鋪上黃色粉雕粉，形成向日葵圖樣。

04

重複步驟 2-3，取向日葵模具，完成向日葵圖樣。

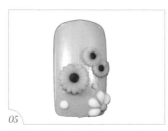

05

將模具中向日葵圖樣取下，黏貼至甲片上，在甲片右下方做半朵的水滴花。（「水滴」參考 P.12。）

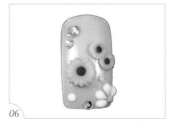

06

取白色粉雕粉，在甲片上做小圓點，最後再黏貼上數顆水鑽做點綴，即可完成。

假日心情 Vacation
NO.14

幸福聖誕

材料工具 Materials

- 指甲油

  紅色　金色亮彩

- 粉雕粉

  ① ②

  ① 黃色
  ② 白色

- 化妝海綿

- 甲片
- 甲片座
- 顏料（白色）

- 3D 溶劑
- 甲片膠
- 水鑽
- 粉雕筆

步驟說明 Step by step

01

塗紅色指甲油做為底色。

02

待乾後以化妝海棉沾取白色顏料，
在甲片上端做壓印上色，中間塗上
金色亮彩指甲油。

03

取白色粉雕粉，在甲片左側做一朵
葉子花。（「葉子花」參考 P.24。）

04

將水鑽黏貼在葉子花中間做為花心。

05

取白色粉雕粉，在甲片下端做出半
朵葉子花，取黃色粉雕粉做圓點，
放在花中間做為花心，即可完成。

假日心情 Vacation
NO.15

彩虹小馬

材料工具 Materials

● 指甲油

薄荷綠色

● 粉雕粉

① 白色
② 黃色
③ 紅色
④ 粉紅色
⑤ 淺藍色

● 粉雕筆
● 3D 溶劑
● 甲片
● 甲片座
● 彩繪筆
● 顏料（深藍、黑、粉紅色）

步驟說明 Step by step

01

塗上薄荷綠色指甲油做為底色。

02

以粉雕筆取白色粉雕粉，在甲片上做一個馬頭圖樣，以筆尖壓出嘴型線條。

03

以粉雕筆取白色粉雕粉，在甲片上做出馬身與馬頭連接。以粉雕筆沿著甲片做一個長條狀。

04

以粉雕筆取白色粉雕粉，在馬頭上做一個三角。

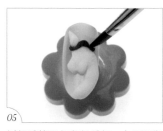

05

以粉雕筆取紅色粉雕粉，在馬頭與角之間做一個波浪毛流。Point：以筆尖輕推波浪外側，增加立體感。

06

以粉雕筆取黃色粉雕粉，在紅色毛流旁再做一個波浪毛流。

07

以粉雕筆取淺藍色粉雕粉，在紅色毛流下再做一個波浪毛流。

08

以粉雕筆取粉紅色粉雕粉，在黃色毛流下再做一個波浪毛流。

09

以粉雕筆取紅色粉雕粉，填在紅色與藍色毛流旁的空白處。再以粉雕筆做出下方毛流與藍色交流交錯。

10

以粉雕筆取黃色粉雕粉，在淺藍色毛流旁再做一個波浪毛流。

11

以彩繪筆取黑色顏料，在馬頭上畫上眼睛。

12

最後以彩繪筆取深藍色與粉紅色顏料，先後在三角上畫出條紋，即可完成。

假日心情 Vacation
NO.16

秋日約會

材料工具 Materials

- 粉雕粉

  ① 黃色　⑤ 白色
  ② 橘色　⑥ 綠色
  ③ 紫色　⑦ 透明水晶粉
  ④ 咖啡色　⑧ 桃紅色

- 牙籤

- 平口挖棒

- 粉雕筆
- 3D 溶劑
- 甲片

- 甲片座
- 離型紙
- 尖夾

步驟說明 Step by step

01

以粉雕筆取黃色粉雕粉，塗上甲片做為底色。

02

以粉雕筆取橘色粉雕粉，塗在甲片下方。再以粉雕筆取紫色粉雕粉，塗在甲片上修飾，增加漸層感。

03

以粉雕筆取白色粉雕粉，在離型紙上做出 3 個葉形。待半乾後，以粉雕筆沾取綠色、咖啡色粉雕粉先後將葉片上色後，並以平口挖棒輕壓做出壓痕。

04

將離型紙用手捲起，並以尖夾夾住固定，做出葉片捲度。

05

以粉雕筆取白色粉雕粉，在離型紙上做出 5 個花瓣。

06

待半乾後，以尖夾取下。取適量透明水晶粉塗在甲片上，將花瓣固定，並用手捏出花瓣的捲度，也可以尖夾調整。

07 以透明水晶粉將第二片花瓣黏上。

08 依序將花瓣黏上。

09 以粉雕筆取黃色粉雕粉，在花瓣中心暈上顏色。再以粉雕筆取桃紅色粉雕粉，暈上第二層顏色。

10 以粉雕筆取白色粉雕粉，在離型紙上做出海芋花。將完成後的海芋以透明水晶粉黏在花瓣後面。（「海芋花葉結合」參考 P.44。）

11 將先前做好的葉片取下，以透明水晶粉依序黏在花瓣下方。Point：葉片可視需要做增減。

12 以粉雕筆取白色粉雕，在花瓣中心做一個圓點。待半乾後，以粉雕筆取黃色、橘色粉雕粉先後上色。並以牙籤在上面戳洞做出花蕊。

13 最後再做一枝海芋花。將完成的海芋以透明水晶粉黏在花瓣後面。（「海芋花葉結合」參考 P.44。）

14 完成！

假日心情 Vacation
NO.17

玫瑰日記

材料工具 Materials

- 亮甲油
- 粉雕粉
  - ① 深藍色
  - ② 綠色
  - ③ 桃紅色
  - ④ 黑色
  - ⑤ 白色
  - ⑥ 透明水晶粉
- 牙籤
- 甲片
- 甲片座
- 甲片膠
- 尖夾
- 離型紙
- 粉雕筆
- 3D 溶劑
- 剪刀

步驟說明 Step by step

01

以粉雕筆取桃紅色粉雕粉，塗上甲片做為底色。

02

以粉雕筆取深藍色粉雕粉，塗在甲片上方和下方，增加漸層感。

03

以粉雕筆取白色粉雕粉，在甲片上方用筆壓出一耳狀花瓣，且以粉雕筆在花瓣外側往內推，可修飾線條和增加花瓣立體感。

04

重複步驟 3，在左右二側各做一個耳狀花瓣。

05

以粉雕筆取白色粉雕粉，在花瓣左側做一個圈，中間挖洞，並以粉雕筆再做一花瓣在外側。

06

以粉雕筆取白色粉雕粉，在左側和上方各做一個花瓣，且以粉雕筆在花瓣外側往內推，可修飾線條和增加花瓣立體感。

07

以粉雕筆取白色粉雕粉，在下方做一個花瓣。

08

以粉雕筆取黑色粉雕粉，刷上花瓣加強輪廓。Point：因為黑色粉雕顏色重，刷色時要注意粉量，且刷的動作要快，顏色隱約有灰黑感即可。

09

以粉雕筆取綠色粉雕粉，在離型紙上做二個葉形，待半乾後，將葉片塗上甲片膠，黏在甲片上，並以剪刀在葉緣剪出鋸齒狀。

10

以粉雕筆取白色粉雕粉，在兩葉之間做一個藤蔓，筆尖往下延伸拉尖，再取綠色粉雕粉塗上顏色。

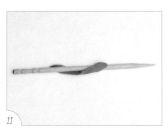

11

以粉雕筆取綠色粉雕粉，在離型紙上做一個細長條形。待半乾後，以尖夾取下，將長條圖樣捲在牙籤上使其捲曲。

12

待塑形完成，將長條取下，以甲片膠黏貼在二葉之間，並以尖夾輕壓固定。

13

以粉雕筆取透明水晶粉，依序做出葉片上的露珠。

14

最後取亮甲油塗上露珠，製造露珠的透亮感。

15

完成！

假日心情 Vacation

NO.18

蔚藍海洋

材料工具 Materials

- 亮甲油
- 粉雕粉

① 咖啡色　⑦ 淺藍色
② 褐色　　⑧ 黑色
③ 綠色　　⑨ 白色
④ 紅色　　⑩ 透明水晶粉
⑤ 藍色　　⑪ 橘色
⑥ 深藍色　⑫ 黃色

- 粉雕筆
- 3D 溶劑
- 甲片
- 甲片座

- 彩繪筆
- 離型紙
- 尖夾
- 牙籤

步驟說明 Step by step

01

以粉雕筆取藍色粉雕粉，塗上甲片做為底色。

02

以粉雕筆取深藍色粉雕粉，塗在甲片下方。再以粉雕筆取淺藍色粉雕粉，塗在甲片上方，增加漸層感。

03

以粉雕筆取白色粉雕粉，在甲片上做一個礁石。待半乾後，以牙籤在礁石上戳洞。

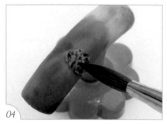

04

以粉雕筆取褐色粉雕粉，塗在礁石。待乾後，再以黑色粉雕粉稍做點綴。Point：注意下筆輕重，礁石上的顏色淺透即可。

05

重複步驟 3，在甲片下方依序做出兩個相疊的礁石。並以粉雕筆取橘色和紅色粉雕粉，分別將兩個礁石上色。

06

以粉雕筆取白色粉雕粉，在離型紙上做三個長條狀的圖樣。

07

待半乾後取下，用手將長條搓圓。
以牙籤在上面戳洞。

08

以透明水晶粉將白色長條圖樣黏在
礁石上。Point：在粉雕未全乾前，粉
雕仍可塑形，可用尖夾輕壓調整位置。
先後以粉雕筆取綠色、咖啡色、藍
色粉雕粉，塗在白色粉雕上，增加
層次感。

09

以粉雕筆取綠色粉雕粉，在離型紙
上做三個海草。

10

待半乾後，以尖夾取下海草用手扭
轉葉片。

11

以透明水晶粉將海草黏上，並以尖
夾調整位置。

12

重複步驟 3-4，在海草上方做一個
礁石。

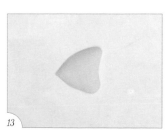

13

以粉雕筆取白色粉雕粉，在離型紙
上做一個三角形。

14

待半乾後，以粉雕筆取黃色粉雕
粉，在三角形上畫上條紋。

15

以粉雕筆取白色粉雕粉，在三角形
上拉出細長條狀，再以粉雕筆取黑
色粉雕粉，做一眼睛。

16
待半乾後，以透明水晶粉將小魚黏上甲片。

17
以粉雕筆取白色粉雕粉，在離型紙上做一個圓點。待半乾後，取下用手搓圓，以透明水晶粉黏上甲片。並以粉雕筆取黃色、綠色、橘色先後塗上礁石。

18
以粉雕筆取白色粉雕粉，在離型紙上做一個橢圓形。

19
以粉雕筆取橘色粉雕粉，依序畫上條紋和魚鰭。再以粉雕筆取黑色粉雕粉，做一眼睛。

20
以粉雕筆取白色粉雕粉，在離型紙上做一個海星，並以牙籤在上面戳出凹洞。

21
以透明水晶粉將小魚和海星黏上甲片，並以粉雕筆取黃色、紅色、咖啡色粉雕粉，先後將海星上色。

22
重複步驟 13-15，完成小魚。再以透明水晶粉將小魚黏在海星上方。

23
最後以粉雕筆取透明水晶粉，做出泡泡，並在泡泡表面塗上亮甲油。

24
完成！

Part 4

時尚派對

Party

時尚派對 Party NO.19

秘密情人

材料工具 Materials

- 指甲油

可可色　黑色　金色亮彩

- 白色粉雕粉

- 圓點筆

- 甲片

- 甲片座
- 甲片膠
- 3D 溶劑
- 彩繪筆
- 粉雕筆
- 顏料（紅、白、黑色）

步驟說明 Step by step

01
塗可可色指甲油做為底色。

02
待乾後，在甲片上右側用黑色指甲油，塗上 S 型區塊。

03
在黑色 S 型區塊上、下，畫上金色線條做點綴。

04
在甲片上先用白色粉雕粉做出一片水滴花瓣。（「水滴花」參考 P.14。）

05
重複步驟 4，依序做出其他花瓣。

06
以圓點筆沾白色顏料，先點上小圓點，再以彩繪筆分別沾取黑色與紅色顏料，在甲片左側畫上睫毛與嘴唇即可。

時尚派對 Party NO.20

圓點女王

材料工具 Materials

- 指甲油

  粉紅色　黑色　銀色亮彩

- 粉雕粉

  ① ②

  ① 白色
  ② 粉綠色

- 甲片
- 甲片座

- 圓點筆
- 顏料（粉紅色）
- 3D 溶劑
- 粉雕筆
- 彩繪筆

步驟說明 Step by step

01

塗粉紅色指甲油做為底色。待乾後在甲片前端再塗上黑色指甲油，製做出法式圖樣。

02

以圓點筆沾取粉紅色顏料，在黑色區塊上點小圓點做花樣。Point：圓點之間的間距要稍為分散，才會比較自然。

03

取白色粉雕粉，在法式邊緣上做一個蝴蝶結。（「基礎蝴蝶結③」參考 P.32。）

04

用粉綠色粉雕粉做一個小圓點，放在蝴蝶結中間做為結目。

05

以銀色亮彩指甲油，在黑色區塊的上緣，畫上銀色亮彩線條做點綴，即可完成。Point：可以使用彩繪筆沾取銀色亮彩指甲油的方式，在區塊的上緣畫上線條。

時尚派對 Party

NO.21

天使甜心

材料工具 Materials

- 指甲油

  黑色

- 白色粉雕粉

- 顏料（白色）
- 水鑽
- 甲片

- 甲片座
- 3D 溶劑
- 甲片膠
- 粉雕筆
- 彩繪筆

步驟說明 Step by step

01

塗黑色指甲油做為底色。待乾後用白色粉雕粉在甲片上方做一對倒 V 形緞帶圖樣。（「倒 V 形緞帶」參考 P.29。）

02

取白色粉雕粉，在倒 V 緞帶上方做一個蝴蝶結。（「基礎蝴蝶結②」參考 P.31。）

03

在蝴蝶結中間貼上一顆水鑽，做為蝴蝶結的結目。

04

彩繪筆沾取白色顏料，畫上馬甲綁帶的圖樣。

05

最後畫上蓬裙的圖樣，即可完成。

時尚派對 Party

NO.22

典型甜美

材料工具 Materials

- 指甲油

粉紅色　白色　銀色亮彩

- 甲片
- 甲片座
- 顏料（粉紅色）

- 粉紅色粉雕粉

- 3D 溶劑
- 甲片膠
- 粉雕筆
- 彩繪筆
- 水鑽

步驟說明 Step by step

01

塗白色指甲油做為底色。

02

以彩繪筆沾取粉紅色顏料，在甲片上畫斑馬紋圖樣。

03

斑馬紋圖樣的排列，須由下往上做延伸，並且拼接而成。

04

先用粉紅色粉雕粉做一個立體蝴蝶結圖樣，並在蝴蝶結的中間貼上一顆水鑽做為結目，完成後再將蝴蝶結黏貼到甲片上，最後再以銀色亮彩指甲油，在斑馬紋上做局部點綴。（「立體蝴蝶結①」參考 P.47。）

時尚派對 Party

NO.23

神秘禮物

材料工具 Materials

- 指甲油

  可可色

- 黑色粉雕粉

- 甲片
- 甲片座

- 彩繪筆
- 3D 溶劑
- 顏料（白、黑色）
- 粉雕筆

步驟說明 Step by step

01

塗可可色指甲油做為底色。待乾後再以彩繪筆沾取黑色顏料，做斜線條圖樣。

02

以彩繪筆沾取白色顏料，在黑色線條上畫白色虛線。

03

取黑色粉雕粉，先做出一個立體緞帶，然後黏貼至甲片左上方。

04

以彩繪筆沾取白色顏料，在緞帶上畫虛線，即可完成。

時尚派對 Party
NO.24

狂野花豹

材料工具 Materials

- 指甲油

黃色　　亮彩

- 咖啡色粉雕粉

- 甲片
- 甲片座

- 彩繪筆
- 3D 溶劑
- 顏料（粉紅、黃、咖啡色）
- 粉雕筆

步驟說明 Step by step

01

塗黃色指甲油做為底色。

02

以彩繪筆筆尖沾取咖啡色顏料，在甲片側邊邊緣，畫上豹紋圖樣。

03

以粉雕筆取咖啡色粉雕粉做一個立體蝴蝶結，黏貼至甲片的左上方。（「立體蝴蝶結②」參考 P.48-49。）

04

以彩繪筆沾取黃色顏料，在立體蝴蝶結上畫虛線。

05

最後在蝴蝶結的下方，塗上亮彩指甲油，即可完成。

時尚派對 Party NO.25

巴黎女伶

材料工具 Materials

- 指甲油

  可可色　黑色　銀色亮彩

- 粉雕粉
  ① 白色
  ② 粉紅色
- 甲片
- 甲片膠

- 甲片座
- 彩繪筆
- 粉雕筆
- 3D 溶劑
- 水鑽

步驟說明 Step by step

01
塗可可色指甲油做為底色。

02
待指甲油乾後，從甲片右上角至左下角，刷上黑色指甲油，做區塊圖樣。

03
以銀色亮彩指甲油塗在區塊的交界邊緣上。

04
以粉雕筆取白色粉雕粉，在甲片右上方做一朵葉子花。（「葉子花」參考 P.24。）

05
取粉紅色粉雕粉做圓點，放在花中間做為花心，最後再黏貼上水鑽做點綴，即可完成。

時尚派對 Party

NO.26

優雅女王

材料工具 Materials

● 指甲油

黑色

● 白色粉雕粉

● 甲片
● 甲片座
● 水鑽

● 銀色絲線
● 3D 溶劑
● 顏料（黃色）
● 粉雕筆
● 甲片膠

步驟說明 Step by step

01

塗黑色指甲油做為底色。待乾後貼上銀色絲線做不規則線狀。

02

以粉雕筆取白色粉雕粉，先做好葉子花瓣，分別依序層疊黏貼至甲片上，使其呈現出立體感。（「葉子花」參考 P24。）

03

在花朵中心壓紋處，塗上少許黃色顏料，做為花粉圖樣。

04

最後將水鑽黏在花朵中間做為花心及右下方做為點綴，即可完成。

時尚派對 Party　　NO.27

英國紳士

材料工具 Materials

- 指甲油

黑色　銀色　銀色亮彩

- 白色粉雕粉

- 甲片
- 甲片座

- 水鑽
- 3D 溶劑
- 甲片膠
- 粉雕筆

步驟說明 Step by step

01

塗銀色指甲油做為底色。待乾後塗上銀色亮彩指甲油，做半圓型寬版線條圖樣。

02

取黑色指甲油，在寬版線條側邊，再畫上一條半圓型圖樣。

03

取銀色亮彩指甲油，在黑色半圓型線條上面，再畫上一條較細的半圓型線條。

04

以粉雕筆取白色粉雕粉，在甲片右上方做半朵葉子花。（「葉子花」參考 P.24。）

05

在甲片左下方，以白色粉雕粉再做出一朵葉子花。

06

將水鑽黏貼在花朵中間做為花心，即可完成。

時尚派對 Party NO.28

歐美名媛

材料工具 Materials

- 指甲油

桃紅色　黑色　銀色亮彩

- 白色粉雕粉

- 甲片
- 甲片座
- 彩繪筆

- 顏料（黑色）
- 3D 溶劑
- 甲片膠
- 粉雕筆
- 水鑽

步驟說明 Step by step

01
塗桃紅色指甲油做為底色。待乾後取黑色指甲油，在甲片上做區塊。

02
以粉雕筆取白色粉雕粉，在甲片上做立體疊花。（「平面立體疊花片」參考 P.38-39。）

03
取銀色亮彩指甲油，在區塊交界上畫線條。

04
在黑色區塊上亮彩指甲油再將水鑽黏貼到甲片上。

05
取銀色亮彩指甲油，在黑色區塊做點綴。

06
以彩繪筆沾取黑色顏料，在花朵四周畫上線條，即可完成。

時尚派對 Party
NO.29

時尚派對

材料工具 Materials

- 指甲油

  黑色　銀色亮彩
- 白色粉雕粉

- 甲片
- 甲片座
- 水鑽
- 3D 溶劑
- 甲片膠
- 粉雕筆

步驟說明 Step by step

01
塗黑色指甲油做為底色。待乾後取銀色亮彩指甲油，在甲片上畫延伸的弧型線條。

02
取白色粉雕粉在甲片的右側做半朵的立體疊花。（「平面立體疊花片」參考 P.38-39。）

03
取白色粉雕粉，在甲片的左上做半朵的立體疊花。

04
取白色粉雕粉，在甲片上做數個小圓點，並取數枚水鑽黏貼在甲片上，即可完成。

時尚派對 Party

NO.30

奢華之夜

材料工具 Materials

- 指甲油
  銀色
- 粉雕粉
  ① 咖啡色
  ② 黃色
  ③ 橘色
  ④ 粉紅色
  ⑤ 白色
- 甲片
- 甲片座
- 甲片膠
- 粉雕筆
- 彩繪筆
- 顏料（藍、綠、白、咖啡、粉紅色）
- 3D 溶劑
- 水鑽

步驟說明 Step by step

01
塗銀色指甲油做為底色。待乾後取黃、橘和咖啡色粉雕粉，分別在甲片上做大圓點，並輕壓成扁平。

02
取圓頭筆，從圓點中心按壓，使圓點呈現中空形狀，做為甜甜圈圖樣。Point：可用粉雕筆或彩繪筆的另一邊圓頭處取代圓頭筆。

03
以彩繪筆分別沾取白色、咖啡色及粉紅色的顏料，在甜甜圈上畫糖霜圖樣。

04
在糖霜上面點上各種顏色粉雕粉，為甜甜圈做點綴。

05
取橘色粉雕粉，在左側做一個披薩；取粉紅色粉雕粉，在右側做一個糖果造型。

06
在披薩與糖果上，分別用各色粉雕粉與顏料做點綴後，在局部黏貼上水鑽，即可完成。

時尚派對 Party

NO.31

華麗搖滾

材料工具 Materials

- 指甲油

  橘色　金色亮彩

- 粉雕粉

  ① 白色
  ② 粉綠色

- 甲片
- 甲片座
- 甲片膠
- 粉雕筆
- 彩繪筆

- 水鑽
- 顏料（白色）
- 3D 溶劑

步驟說明 Step by step

01

塗橘色指甲油做為底色。
待乾後在甲片前端刷上金
色亮彩指甲油，做出法式
圖樣。

02

在金色亮彩的區塊上，以
彩繪筆沾取白色顏料，畫
上白色格紋線條。

03

以粉雕筆取白色粉雕粉，
在甲片上先做一個上下對
稱的菊花花瓣。（「菊花」
參考 P.15。）

04

在花瓣的左右邊，分別做
出對邊的花瓣，呈現十字
對稱。

05

依序做出其他的花瓣。

06

在花朵左下方，做半朵小
菊花，再取綠色粉雕粉做
為花心。

07

最後再黏貼上水鑽，即可
完成。

時尚派對 Party

NO.32

花的姿態

材料工具 Materials

- 粉雕粉

① 粉紅色　⑤ 白色
② 橘色　　⑥ 綠色
③ 深藍色　⑦ 黑色
④ 藍色　　⑧ 紫色

- 平口挖棒
- 粉雕筆
- 甲片
- 甲片座
- 3D 溶劑

步驟說明 Step by step

01
以粉雕筆取橘色粉雕粉，
塗在甲片中央做為底色。

02
以粉雕筆取綠色粉雕粉，
塗在甲片下方。

03
以粉雕筆取藍色粉雕粉，
塗在甲片下方，再取深藍
色粉雕粉，塗在上方。

04
以粉雕筆取白色粉雕粉，
做一個葉形，且以平口挖
棒輕壓做出壓痕。

05
重複步驟 4，做第二個葉
形，以粉雕筆取綠色粉雕
粉塗上葉片。

06
以粉雕筆取白色粉雕粉，在
葉片上方做一個平面立體
花。並以粉雕筆取紫色粉雕
粉，以筆尖輕拍，增加花朵
鮮豔度。（「平面立體疊花
片」參考 P.38-39。）

07
以粉雕筆取白色粉雕粉，
在花的下方做一個藤蔓，
筆尖往下延伸拉尖。

08
最後以粉雕筆取綠色粉雕
粉塗上白色藤蔓即可完成。
Point：利用顏色做出陰影的
深淺，不需全塗上綠色。

時尚派對 Party

NO.33

甜點公主

材料工具 Materials

- 指甲油

桃紅色

- 粉雕粉

① 粉紅色
② 黃色
③ 白色

- 平口挖棒

- 甲片
- 甲片座
- 粉雕筆
- 3D 溶劑

步驟說明 Step by step

01
塗上桃紅色指甲油做為底色。

02
以粉雕筆取粉紅色粉雕粉,在甲片下方做一個倒梯狀圖樣。

03
以平口挖棒在倒梯狀圖樣上輕壓做出壓痕。

04
以粉雕筆取黃色粉雕粉,在倒梯狀圖樣上方做一個圓弧形,且以粉雕筆往弧形內側輕壓。

05
重複步驟 4,在左右兩側各做一個圓弧圖樣。

06
以粉雕筆取白色粉雕粉,在黃色圓弧型上方做出小奶油,類似水滴狀。(「水滴」參考 P.12。)Point:使用粉雕筆做奶油時,要注意濕度,避免太濕奶油會不立體,太乾則會無法塑形。

07

重複步驟 6，依序將小奶油完成。

08

以粉雕筆取白色粉雕粉，在小奶油上方做出大奶油，類似水滴狀。

09

重複步驟 8，在右側做一個大奶油。
Point：可用筆尖在奶油外側往內推，增加奶油立體感。

10

重複步驟 8，在左側上方做一個大奶油。

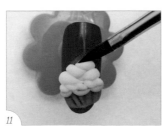

11

重複步驟 8，在左側上方做一個大奶油。

12

最後以粉雕筆取白色粉雕粉，在奶油層最上方做一個水滴，將筆尖往斜上方延伸拉尖，即可完成。

時尚派對 Party   *NO.34*

化妝舞會

材料工具 Materials

- 指甲油
  膚色

- 粉雕粉
  ① 紅色
  ② 黑色
  ③ 白色

- 甲片
- 甲片座
- 粉雕筆
- 離型紙
- 尖夾

- 甲片膠
- 貼紙
- 3D 溶劑

步驟說明 Step by step

01
塗上膚色指甲油做為底色。

02
以尖夾取貼紙黏上甲片，並且輕壓固定。

03
以粉雕筆取紅色粉雕粉，做一個圓點在甲片上。

04
以粉雕筆將圓點做成上唇的圖樣。

05
以粉雕筆取紅色粉雕粉，做一個圓點在上唇下方。

06
以粉雕筆將紅色圓點做成下唇的圖樣，且以筆尖加深上下唇密合處的線條，增加立體感。

07

以粉雕筆取黑色粉雕粉，在離型紙上做一個小長方體。 Point：以筆尖推粉雕側面，增加立體感。

08

待半乾後，再以粉雕筆取白色粉雕粉，做一小段長方體接在黑長方體前方。

09

承步驟 8，以粉雕筆取紅色粉雕粉，在黑白色長方體前，做一個梯型圖樣，口紅完成。 Point：以筆尖去推粉雕側面，增加立體感。

10

在甲片塗上甲片膠。

11

以尖夾取下離形紙上的口紅，並黏上甲片。

12

最後以尖夾取貼紙黏上甲片，即可完成。

時尚派對 Party NO.35

黑色高雅

材料工具 Materials

- 指甲油

  薄荷綠

- 粉雕粉

  ① 黑色
  ② 粉紅色

- 甲片
- 甲片座
- 甲片膠
- 粉雕筆
- 尖夾

- 離型紙
- 貼紙
- 3D 溶劑

步驟說明 Step by step

01

塗上薄荷綠指甲油做為底色。

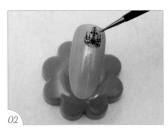

02

以尖夾取貼紙貼在甲片上,並輕壓固定。

03

以離型紙折一階梯狀。

04

以粉雕筆取黑色粉雕粉,在離型紙折痕處放上黑色粉雕粉,做出高跟鞋的鞋型。

05

以粉雕筆在高跟鞋內部壓出一個凹槽,增加立體感。

06

以粉雕筆取粉紅色粉雕粉,在鞋頭雕出一個蝴蝶結。

07

待半乾後，以尖夾取下高跟鞋。

08

取下高跟鞋後倒放在桌上，以粉雕筆取黑色粉雕粉，在高跟鞋後方做一個鞋跟。Point：利用粉雕粉的延展性，延伸拉長鞋跟部分。

09

以粉雕筆取黑色粉雕粉，在鞋跟底部拉尖處放上一個圓點，做為跟底。

10

將高跟鞋底部塗上甲片膠黏上甲片。

11

以粉雕筆取粉紅色粉雕粉，將高跟鞋凹槽填滿，使鞋墊與鞋形呈現立體層次感。

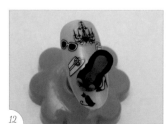

12

最後依序將貼紙貼上即可完成。

時尚派對 Party
NO.36

海灘派對

材料工具 Materials

- 粉雕粉

  ① 咖啡色　⑦ 深藍色
  ② 黃色　　⑧ 淺藍色
  ③ 橘色　　⑨ 透明水晶粉
  ④ 褐色　　⑩ 黑色
  ⑤ 綠色　　⑪ 白色
  ⑥ 桃紅色

- 粉雕筆
- 3D 溶劑
- 離型紙
- 甲片
- 甲片座
- 甲片膠
- 剪刀
- 尖夾

步驟說明 Step by step

01
以粉雕筆取黃色粉雕粉，塗上甲片做為底色，再取橘色粉雕粉，塗在甲片上方，增加漸層感。

02
以粉雕筆取深藍色粉雕粉，塗在甲片下方，再取桃紅色粉雕粉，塗在甲片上方。

03
以粉雕筆取白色粉雕粉，在甲片上做一個圓，以筆尖輕壓成扁平，做為太陽。

04
以粉雕筆取白色粉雕粉，在離型紙上做一個椰樹樹幹。待半乾後，取下樹幹，在背面以粉雕筆再做一個一樣大的樹幹在背面。

05
以粉雕筆取白色粉雕粉，在甲片下方做一個礁石，並以牙籤戳洞。

06
以粉雕筆取白色粉雕粉，在離型紙上做一個扇形。待半乾後，以透明水晶粉將浪花黏在礁石上。以粉雕筆取褐色、橘色、綠色、黑色粉雕粉依序塗上礁石。

07

以粉雕筆取深藍色、淺藍色粉雕粉
依序塗上浪花。再以粉雕筆取白色
粉雕粉，在浪花上緣加強厚度。

08

重複步驟 6-7，做出第二個浪花黏
在後方。Point：黏貼浪花時，可以尖
夾輕壓固定與調整捲度。

09

以粉雕筆取黃色、粉紅色依序塗上
太陽。

10

以粉雕筆取綠色粉雕粉，在離型紙
上做兩個海草。待半乾後取下，以
甲片膠將海草黏上礁石，並以尖夾
調整位置。

11

以甲片膠將樹幹黏在浪花後面，再
以粉雕筆取咖啡色粉雕粉上色。

12

以粉雕筆取綠色粉雕粉，在離型紙
上做四個葉片。待半乾後取下，以
剪刀剪出鋸齒狀，再用手做出葉片
捲度。

13
以甲片膠將葉片黏上樹幹,並以尖夾調整位置。在葉片後與樹幹連結處,再以甲片膠加強黏著。

14
以粉雕筆取白色粉雕粉,在椰樹上做出椰子,並以粉雕筆依序取褐色、咖啡色、綠色上色。另以彩繪筆取紫色粉雕粉,再以筆尖在葉上輕拍,加強葉脈陰影。

15
以粉雕筆取白色粉雕粉,在太陽周圍做出光芒。

16
以粉雕筆取白色粉雕粉,在離型紙上做一個彎月,並以粉雕筆取黑色粉雕粉,在彎月外側塗上顏色。

17
以粉雕筆取白色粉雕粉,在彎月下方做一個尾鰭。

18
以粉雕筆取白色粉雕粉,在彎月上方做一個小圓點。再取黑色粉雕粉,將上方彎月拉尖,做為海豚嘴。另以粉雕筆取黑色粉雕粉,在尾鰭刷上淡黑色。

19
以粉雕筆取黑色粉雕粉,在彎月兩側各做一個魚鰭。待半乾後,以尖夾取下,海豚完成。

20
最後將海豚以甲片膠黏在浪花間。

21
完成!

Part 5

浪漫約會

Date

浪漫約會 Date

NO.37

櫻花樹下

材料工具 Materials

- 指甲油

  桃紅色

- 白色粉雕粉

- 化妝海綿

- 甲片
- 甲片座
- 顏料（白色）
- 粉雕筆
- 3D 溶劑

- 甲片膠
- 水鑽
- 彩繪筆

步驟說明 Step by step

01

塗上桃紅色指甲油做為底色。待乾後用化妝海綿沾上少許白色顏料，在指甲上壓印出繽紛花樣。

02

在甲片中心做壓紋花瓣。

03

重複步驟 2，依序做出其他花瓣。

04

於甲片左下角，做 3 片壓紋花瓣。

05

最後以彩繪筆沾取白色顏料，畫上捲紋圖樣後再貼上水鑽，即可完成。

浪漫約會 Date

NO.38

倫敦愛情

材料工具 Materials

- 指甲油

金黃色

- 粉雕粉

① 黑色
② 白色

- 造型模具

- 甲片
- 甲片座
- 甲片膠

- 彩繪筆
- 水鑽
- 3D 溶劑

- 顏料（黑色）
- 粉雕筆

步驟說明 Step by step

01

塗金黃色指甲油做為底色。待乾後以彩繪筆沾黑色顏料，在甲片畫上漩渦線條。

02

取黑色粉雕粉，在甲片中間做圓並壓成扁平。

03

取人頭像模具，放入白色粉雕粉，形成人頭圖樣。

04

從模具中取出人頭圖樣，黏貼至黑色圓形上。

05

黏貼數顆水鑽做點綴，即可完成。

浪漫約會 Date *NO.39*

絢爛花火

材料工具 Materials

- 指甲油

  紅色　銀色亮彩

- 粉雕粉

  ① 綠色
  ② 白色

- 甲片
- 甲片座
- 顏料（白色）
- 粉雕筆
- 彩繪筆
- 3D 溶劑

步驟說明 Step by step

01

塗紅色指甲油做為底色。

02

取白色粉雕粉，在甲片前端做一朵葉子花。（「葉子花」參考 P.24。）

03

以彩繪筆沾銀色亮彩指甲油，在甲片右側畫斜線條，做迷彩圖樣。

04

取綠色粉雕粉做圓點，放在花中間做為花心，即可完成。

浪漫約會 Date
NO.40

異國戀曲

材料工具 Materials

- 指甲油

桃紅色　黑色　銀色亮彩

- 亮橘色粉雕粉

- 甲片
- 甲片座
- 3D 溶劑

- 甲片膠
- 彩繪筆
- 水鑽
- 顏料（粉紅色）
- 粉雕筆
- 造型模具

步驟說明 Step by step

01

塗桃紅色指甲油做為底色。

02

在甲片前端塗上黑色指甲油，做出法式圖樣。

03

以彩繪筆沾粉紅色顏料，在黑色區塊內畫格子紋圖樣。

04

在區塊交界邊緣上，用銀色亮彩指甲油畫上銀色線條做點綴。

05

以粉雕筆取亮橘色粉雕粉，在法式邊緣做半朵的葉子花。（「葉子花」參考 P.24。）

06

將水鑽黏貼在花朵中間和區塊邊緣上，做為點綴後，即可完成。

浪漫約會 Date
NO.41

幸福之旅

材料工具 Materials

- 指甲油

  白色

- 粉雕粉

  ① 紅色
  ② 綠色

- 化妝海綿

- 甲片
- 甲片座
- 粉雕筆
- 顏料（黑色）

- 3D 溶劑
- 甲片膠
- 銀色絲線
- 水鑽

步驟說明 Step by step

01

塗白色指甲油做為底色。待乾後以
化妝海綿沾黑色顏料，做斜線條紋
的壓印。

02

在壓印線條的側邊，貼上銀色絲線。

03

以粉雕筆取紅色粉雕粉，在甲片右
上方做出半朵的葉子花。（「葉子
花」參考 P.24。）

04

在甲片左下方，以紅色粉雕粉做出
半朵的葉子花。

05

最後分別取水鑽與綠色粉雕粉，黏
貼在花朵中間做為花心即可完成。

浪漫約會 Date

NO.42

迷人小禮

材料工具 Materials

- 指甲油

粉紫色　藍莓色亮彩

- 粉雕粉

① 粉紅色
② 黃色
③ 米白色
④ 淺綠色
⑤ 紅色
⑥ 白

- 甲片
- 甲片座
- 3D 溶劑
- 甲片膠
- 彩繪筆

- 顏料（白、咖啡色）
- 水鑽
- 粉雕筆

步驟說明 Step by step

01

塗粉紫色指甲油做為底色。待乾後在甲片前端塗上藍莓色亮彩指甲油，再取米白色粉雕粉，在甲片上做方型圖樣。

02

以彩繪筆沾咖啡色顏料，在米白色粉雕上畫方形區塊，做為彩色餅乾圖樣。

03

取白色粉雕粉，在甲片左側做一個大圓後壓成扁平，取粉紅粉雕粉做圓點，放在白色大圓上面；另外分別取黃、紅色粉雕粉做圓點，放在白色大圓上做點綴。

04

以彩繪筆沾白色顏料，在粉紅色圓點上寫字並貼上立體蝴蝶結。（「立體蝴蝶結①」參考 P.47。）

05

重複步驟 1，在方形餅乾的下方，另外做一個方型餅乾。最後將水鑽黏貼上，即可完成。

浪漫約會 Date

NO.43

浪漫來襲

材料工具 Materials

- 指甲油

鵝黃色

- 粉雕粉

- ① 紫色
- ② 橘色
- ③ 咖啡色
- ④ 粉紅色
- ⑤ 藍色

- 粉雕筆
- 3D 溶劑
- 甲片
- 甲片座
- 彩繪筆

- 甲片膠
- 顏料（白、黃色）
- 水鑽

步驟說明 Step by step

01

塗鵝黃色指甲油做為底色。以粉雕筆取藍色粉雕粉，在甲片上做圓並壓成扁平，做出棒棒糖形狀；以彩繪筆沾取白色與黃色顏料，在棒棒糖上面上色；取白色及粉紅色粉雕粉做一個蝴蝶結，放在棒棒糖上做裝飾。（「基礎蝴蝶結③」參考 P.32。）

02

分別取紫色和粉紅色粉雕粉，在棒棒糖四周各做一顆愛心。（「愛心」參考 P.13。）

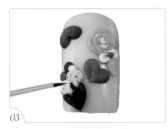

03

取咖啡色粉雕粉做甜筒，並取各色粉雕粉做為冰淇淋，再以彩繪筆沾各色顏料，為冰淇淋做點綴。

04

在甲片的上緣，做一個橘色的棒棒糖和蝴蝶結。

05

貼上水鑽後即可完成。

浪漫約會 Date
NO.44

甜蜜世界

材料工具 Materials

- 指甲油

香檳色

- 粉雕粉
  - ① 紫色
  - ② 橘色
  - ③ 咖啡色
  - ④ 粉紅色
  - ⑤ 藍色
  - ⑥ 白色

- 甲片
- 甲片座
- 粉雕筆
- 3D 溶劑
- 甲片膠

- 彩繪筆
- 顏料（白、黑色）

步驟說明 Step by step

01
塗香檳色指甲油做為底色。待乾後取咖啡色粉雕粉，在甲片上做一個圓，做為熊的頭。

02
取咖啡色粉雕粉，在熊頭的下方做出小熊的身體，以白色粉雕粉做眼睛和嘴巴，另外沾取白色顏料在小熊左手的上方，做一個向上延伸的線條。

03
取各色粉雕粉，在線條上方做不同顏色的汽球，以彩繪筆沾取黑色顏料，點上小熊的鼻子與眼睛。

04
重複步驟 1-3，在小熊的左下方做另一隻大頭熊。

05
以粉雕筆取桃紅色和白色粉雕粉在大頭熊的右下方，做 2 顆心心相印的立體愛心。

06
以彩繪筆沾取黑色與白色顏料，寫上甜蜜的文字即可完成。

浪漫約會 Date

NO.45

白色洋房

材料工具 Materials

- 指甲油

白色

- 粉雕粉

① 綠色
② 白色

- 甲片
- 甲片座

- 彩繪筆
- 3D 溶劑
- 甲片膠
- 粉雕筆
- 顏料（黑、紅褐色）

步驟說明 Step by step

01

塗白色指甲油做為底色。待乾後用彩繪筆沾取紅褐色顏料，在甲片上畫一串枝葉。

02

再以彩繪筆沾取黑色顏料，在甲片上畫出另一串枝葉。

03

取綠色和白色粉雕粉，在甲片上做出一朵雙色立體疊花。（「雙色變化」參考 P.19，「平面立體疊花片」參考 P.38-39。）

04

取白色粉雕粉做小圓點，點在花朵中間做為花心。

05

以圓點筆沾取黑色顏料，點在枝葉邊做為點綴，即可完成。

浪漫約會 Date

NO.46

愛的真諦

材料工具 Materials

- 指甲油

白色　珍珠粉紅色　黑色　銀色亮彩　金色亮彩

- 白色粉雕粉

- 圓點筆

- 甲片
- 甲片座
- 甲片膠
- 水鑽
- 3D 溶劑
- 彩繪筆
- 粉雕筆
- 顏料（白、紫色）

步驟說明 Step by step

01

塗珍珠粉紅色指甲油做為底色。待乾後取白色指甲油在甲片前端畫上區塊，待乾後再以黑色指甲油塗在白色區塊上，做色塊的變化。

02

在黑色與白色的區塊交界線上，塗上金色亮彩指甲油線條。

03

取白色粉雕粉，在甲片上做立體疊花。（「平面立體疊花片」參考 P.38-39。）

04

以彩繪筆沾紫色顏料，用暈染的方式做漸層效果。

05

在白色與珍珠粉紅色區塊交界線，塗上銀色亮彩指甲油線條。

06

以圓點筆沾白色顏料，在黑色區塊點上圓點圖樣。

07

黏貼上數顆水鑽做為點綴即可完成。

浪漫約會 Date

NO.47

微笑練習

材料工具 Materials

- 指甲油

  膚色

- 粉雕粉

  ① 桃紅色
  ② 橘色
  ③ 白色
  ④ 咖啡色

- 造型模具
- 甲片
- 甲片座
- 甲片膠
- 3D溶劑

- 顏料（白、紫色）
- 粉雕筆
- 彩繪筆

步驟說明 Step by step

01

塗膚色指甲油做為底色。
待乾後用彩繪筆沾取紫色
顏料，在甲片前端畫上格
子樣式。

02

取心型模具，在中心放桃
紅色粉雕粉，再鋪上白色
粉雕粉，形成心型圖樣。

03

從模具中取下圖樣，黏貼
至甲片上。

04

取圓型模具，在放入咖啡
色粉雕粉，再鋪上白色粉
雕粉，形成圓型圖樣。

05

取點心型模具，放橘色粉
雕粉，形成點心型圖樣。

06

分別將各個造型粉雕層疊
排列黏合，使造型更多元
變化。

07

取星型和餅乾型模具，放
入白色及橘色粉雕粉，形
成餅乾和星型圖樣；取各
色粉雕粉，在餅乾上做小
圓點綴。

08

重複步驟3，以彩繪筆沾
白色顏料，寫上可愛字型
做點綴，即可完成。

浪漫約會 Date
NO.48

微加幸福

材料工具 Materials

- 指甲油

  銀白色

- 紅色粉雕粉

- 造型模具

- 甲片
- 甲片座
- 顏料（黑色）
- 粉雕筆
- 水鑽

- 甲片膠
- 3D 溶劑
- 彩繪筆

步驟說明 Step by step

01
塗銀白色指甲油做為底色，待乾備用。

02
取櫻花模具，放入紅色粉雕粉，形成櫻花圖樣。

03
從模具中取出櫻花圖樣，黏貼至甲片，並以彩繪筆沾取黑色顏料，在甲片畫上捲線延伸線條點綴。

04
重複步驟 2，做出第二朵櫻花，黏至甲片上。

05
取櫻花模具，放紅色粉雕粉，形成花瓣圖樣。

06
從模具中取出花瓣，黏貼至甲片左側。

07
以圓點筆沾黑色顏料做圓點，最後再黏貼上水鑽點綴，即可完成。

浪漫約會 Date

 NO.49

浪漫午茶

材料工具 Materials

- 指甲油

  粉紅色

- 粉雕粉
  ① 紅色
  ② 粉紅色
  ③ 白色

- 甲片
- 甲片座
- 粉雕筆
- 顏料（粉紅色）
- 貼紙

- 3D 溶劑
- 尖夾

步驟說明 Step by step

01
塗上粉紅色指甲油做為底色。

02
以粉雕筆取白色粉雕粉，在甲片上做圓點並壓成扁平。Point：利用連接圓形做出杯墊。

03
重複步驟 2，在圓形兩側各做一個圓點並壓成扁平。

04
重複步驟 2，在圓的兩側各做一個小圓並壓成扁平，形成一弧形。

05
以粉雕筆取紅色粉雕粉，依序在圓上做一個小圓點。

06
以粉雕筆取白色粉雕粉，在杯墊上做一個馬克杯的杯身。

07

以粉雕筆取白色粉雕粉，在杯身上做一個杯緣，類似葉形。再以粉雕筆筆尖在葉形下緣處做出壓痕，並在葉形中間做出一個凹槽。

08

以粉雕筆取白色粉雕粉，在杯身上做一個手把。再以粉雕筆取粉紅色粉雕粉，塗在凹槽。

09

以粉雕筆取粉紅色粉雕粉，塗在杯緣下側壓痕處。

10

以彩繪筆取粉紅色顏料，在杯身上畫一朵玫瑰。

11

最後將金絲線貼紙貼上甲片。

12

完成！

浪漫約會 Date
NO.50

戀人絮語

材料工具 Materials

- 粉雕粉
  - ① 天藍色
  - ② 紫色
  - ③ 桃紅色
  - ④ 綠色
  - ⑤ 粉紅色
  - ⑥ 白色
- 平口挖棒

- 甲片
- 甲片座
- 3D 溶劑
- 粉雕筆

步驟說明 Step by step

01
以粉雕筆取綠色粉雕粉，塗上甲片做為底色。

02
以粉雕筆取紫色粉雕粉，塗在甲片上方，增加漸層感。

03
以粉雕筆取天藍色粉雕粉，塗在甲片下方，增加漸層感。

04
以粉雕筆取白色粉雕粉，在甲片上方做一個耳狀花瓣，尾端將筆尖往下延伸拉尖。

05
重複步驟 4，在左側做一耳狀花瓣。

06
以粉雕筆取白色粉雕粉，在耳狀花瓣左右二側各做一個 S 形與倒 S 形曲線，增加花瓣層次感。

07

以粉雕筆取白色粉雕粉，在花瓣下方做一個將缺口補圓的花瓣。Point：以粉雕筆由花瓣外側往內推，增加花瓣層次與厚度。

08

以粉雕筆取粉紅色粉雕粉，以筆尖輕拍塗上花瓣。Point：將顏色塗在凹陷處，更能加強層次。

09

以粉雕筆取白色粉雕粉，做一個葉形，並以平口挖棒輕壓做出壓痕。Point：以粉雕筆取白色粉雕粉，在甲片上做完圖樣再疊色，色彩協調會比較好。

10

以粉雕筆取綠色粉雕粉，輕拍塗上葉片。

11

重複步驟 9-10，依序將葉片完成。

12

最後以粉雕筆取桃紅色粉雕粉，在甲片上方和下方刷上一層，加強背景色，即可完成。

浪漫約會 Date
NO.51

美好時光

材料工具 Materials

- 粉雕粉
  - ① 橘色
  - ② 黑色
  - ③ 紅色
  - ④ 綠色
  - ⑤ 粉紅色
  - ⑥ 白色
- 甲片
- 甲片座
- 甲片膠
- 粉雕筆
- 3D 溶劑
- 尖夾

步驟說明 Step by step

01 以粉雕筆取橘色粉雕粉，塗上甲片做為底色。

02 以粉雕筆取黑色粉雕粉，塗在甲片下方，增加漸層感。

03 以粉雕筆取紅色粉雕粉，塗在甲片下方，增加漸層感。

04 以粉雕筆取白色粉雕粉，在甲片上做一個愛心圖樣，並以筆尖取白色粉雕堆疊在愛心右下方做出厚度。

05 以粉雕筆取白色粉雕粉，在愛心圖樣中間，延伸出另一葉尖形。

06 以粉雕筆取白色粉雕粉，在花瓣邊緣做捲度，由外側往內推，增加花瓣立體感。

07

以粉雕筆先取粉紅色粉雕粉,再取橘色粉雕粉,在海芋花瓣中做一個花蕊,類似水滴狀。(「水滴」參考 P.12。)

08

重複步驟 4-7,完成另一海芋花瓣。

09

以粉雕筆取綠色粉雕粉,在離形紙上做二個葉形。

10

待半乾後,將葉片以甲片膠黏在花瓣下方。先以尖夾輕壓葉尖固定,再並以尖夾調整葉片捲度。

11

重複步驟 10,將另一片葉片黏上。

12

最後重複步驟 9-10,再做一葉片並黏在下面花瓣的下方 即可完成。

浪漫約會 Date

NO.52

幸福宣言

材料工具 Materials

- 粉雕粉
  - ① 橘色
  - ② 透明水晶粉
  - ③ 桃紅色
  - ④ 綠色
  - ⑤ 咖啡色
  - ⑥ 白色
- 甲片
- 甲片座
- 彩繪筆
- 尖夾
- 粉雕筆
- 剪刀
- 離型紙
- 3D 溶劑

步驟說明 Step by step

01
以粉雕筆取桃紅色粉雕粉，塗上甲片做為底色。

02
以粉雕筆取綠色粉雕粉，塗在甲片下方，再以粉雕筆取橘色粉雕粉，塗在甲片上方，增加漸層感。

03
以粉雕筆取白色粉雕粉，以粉雕筆做一個圓點，再往兩側輕壓平。依序在離型紙上做出四個花瓣。

04
以粉雕筆取白色粉雕粉，在離型紙上做出一個白色長條狀圖樣。

05
待半乾後，取下用手捲成花蕊，先以剪刀剪去尾端，再以透明水晶粉將花蕊黏在甲片上。

06
將花瓣以透明水晶粉黏在花蕊右側。

07

將第二片花瓣以透明水晶粉黏在花蕊左側。

08

依序將花瓣以透明水晶粉黏上。

09

以粉雕筆取白色粉雕粉，在離型紙上做出二片葉形。待半乾後，以粉雕筆取綠色、咖啡色粉雕粉先後塗上顏色。

10

待半乾後，取下葉片，在背面以粉雕筆取咖啡色粉雕粉上色，並以剪刀剪出鋸齒狀。

11

最後依序將葉片以透明水晶粉黏上甲片。

12

完成！

浪漫約會 Date

NO.53

少女粉紅

材料工具 Materials

- 指甲油

  桃紅色

- 粉紅色粉雕粉
- 甲片
- 甲片座
- 甲片膠

- 貼紙
- 3D 溶劑
- 尖夾
- 粉雕筆
- 離型紙
- 剪刀

步驟說明 Step by step

01
塗上桃紅色指甲油做為甲片底色。

02
取花邊貼紙,先剪下需要黏貼的大小,再以剪刀修剪多出甲片的貼紙。

03
以粉雕筆取粉紅色粉雕粉,先在離型紙上做一個小圓點,筆尖朝內向左右二側壓出壓紋,再以筆輕推凹陷處,類似愛心形。

04
待半乾後,以尖夾夾起,用手抓皺。

05
將甲片塗上甲片膠,以尖夾放上半個蝴蝶結黏上,且輕壓固定。

06
重複步驟 3-5,以甲片膠黏上另一側的蝴蝶結。

07
最後以粉雕筆取粉紅色粉雕粉,在蝴蝶結中心做一個小圓點,再以筆尖延伸拉長,為結目。

08
完成!

Part 6

個性搭配

Daily

個性搭配 Daily　　*NO.54*

粉紅夢幻

材料工具 Materials

- 指甲油

桃紅色　銀色亮彩

- 粉雕粉

① ②

① 綠色
② 白色

- 甲片
- 甲片座
- 粉雕筆
- 3D 溶劑

步驟說明 Step by step

01

塗桃紅色指甲油做為底色。待乾後在下方刷上銀色亮彩指甲油。

02

在甲片上做出一片立體花瓣，稍偏左。

03

依照順序做出其他花瓣。（「平面立體疊花片」參考 P.38-39。）

04

花瓣須以層疊做出立體層次感。

05

取白色粉雕粉做小圓點，放在花瓣的中心後，以筆尖垂直按壓，做為花心。

06

在花朵的右側，做雙色葉片延伸，並以筆尖壓出葉脈紋路。（「雙色變化」參考 P.19，「葉子③」參考 P.22。）

07

最後取白色粉雕粉，放在花朵的右上方，做水滴延伸即可。

個性搭配 Daily

NO.55

繽紛衣櫃

材料工具 Materials

- 指甲油
  寶藍色

- 粉雕粉
  ① 白色
  ② 粉紅亮彩

- 化妝海綿

- 甲片
- 甲片座
- 顏料（白色）
- 甲片膠

- 粉雕筆
- 水鑽
- 3D 溶劑

步驟說明 Step by step

01

塗寶藍色指甲油做為底色。待乾後
以化妝海棉沾取白色顏料，在甲片
前端與後端做壓印上色。

02

以粉雕筆取白色粉雕粉，在甲片右
上方做一朵葉子花。（「葉子花」
參考 P.24。）

03

在甲片的左下方，做 3 片葉子花瓣。

04

取粉紅色亮彩粉雕粉做小圓點，放
在花的中間做為花心。

05

最後在甲片局部黏貼上水鑽，即可
完成。

個性搭配 Daily　　NO.56

海灣微風

材料工具 Materials

- 指甲油

  銀色亮彩

- 黑色粉雕粉

- 甲片
- 甲片座

- 3D 溶劑
- 顏料（藍、白色）
- 粉雕筆
- 彩繪筆

步驟說明 Step by step

01

塗銀色亮彩指甲油做為底色。待乾後以彩繪筆沾藍色顏料，在甲片下方畫上扶桑花。

02

在扶桑花旁邊，再以藍色顏料畫上枝葉。

03

取黑色粉雕粉，在甲片上方做一隻黑色海豚。

04

以彩繪筆沾白色顏料，在海豚右側畫上枝葉，即可完成。

個性搭配 Daily

NO.57

藍色夏威夷

材料工具 Materials

● 指甲油

銀色　銀色亮彩

● 粉雕粉
① 藍色
② 綠色
③ 橘色
④ 白色

● 甲片
● 甲片座
● 甲片膠
● 粉雕筆
● 彩繪筆

● 顏料（水藍、綠、白、淺綠色）
● 水鑽
● 3D 溶劑

步驟說明 Step by step

01
塗銀色指甲油做為底色。待乾後在甲片前端塗上水藍色顏料，取藍色及綠色粉雕粉在甲片上做小圓，以銀色亮彩指甲油環繞做裝飾。

02
取橘色與白色粉雕粉，在甲片左下方，做一隻小金魚。

03
以彩繪筆沾綠色和淺綠色顏料，先畫上水草後再沾白色顏料，並在金魚四周畫上水波紋做點綴。

04
最後將水鑽黏貼上即可完成。

個性搭配 Daily

NO.58

清新文青

材料工具 Materials

- 指甲油

  香檳色

- 粉雕粉
  - ① 咖啡色
  - ② 青綠
  - ③ 白色

- 圓點筆

- 甲片
- 甲片座
- 彩繪筆
- 吸管

- 顏料（黑、橘色）
- 粉雕筆
- 3D 溶劑

步驟說明 Step by step

01
塗香檳色指甲油做為底色。待乾後取咖啡色粉雕粉，在甲片上做圓點，並壓成扁平。

02
以吸管在圓點上壓出一圓形框框。

03
以圓點筆在圓上面壓出四個小圓點，做為鈕扣的圖樣。

04
重複步驟 2-3，取青綠色粉雕粉，放在鈕扣的上方，完成第二個鈕扣。

05
重複步驟 2-3，取白色粉雕粉，放在甲片左下方，完成第三個鈕扣。

06
以彩繪筆分別沾取黑色與橘色顏料，在甲片右上方，各畫出一個鈕扣後，即可完成。

個性搭配 Daily

NO.59

唯美主義

材料工具 Materials

- 指甲油

粉紅色

- 粉雕粉
  ① 白色
  ② 黃色

- 甲片
- 甲片座
- 甲片膠
- 彩繪筆
- 水鑽

- 粉雕筆
- 顏料（粉紅色）
- 3D 溶劑

步驟說明 Step by step

01
以粉紅色指甲油在甲片上塗 3 條橫向線條。

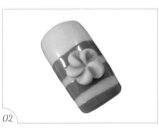

02
取黃色粉雕粉，在甲片中間做一朵立體疊花。（「平面立體水滴花片」參考 P.40。）

03
取白色粉雕粉，在甲片前端做 2 片花瓣。

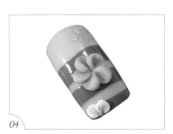

04
用彩繪筆沾粉紅色顏料，在甲片上方畫一朵花。

05
在甲片局部黏上數顆水鑽做為點綴。

06
取白色粉雕粉做小圓，點在花朵中間做為花心，即可完成。

個性搭配 Daily

NO.60

英倫情懷

材料工具 Materials

- 指甲油

  紅色　黃色

- 粉雕粉

  ① 紅色
  ② 白色

- 造型模具

- 甲片
- 甲片座
- 粉雕筆
- 彩繪筆

- 水鑽
- 甲片膠
- 3D 溶劑

步驟說明 Step by step

01

塗黃色指甲油做為底色。待乾後塗上紅色亮彩指甲油，做斜面區塊。

02

取白色粉雕粉做大圓為底部，取紅色粉雕粉在大圓上面做一朵玫瑰花。（「玫瑰花①」參考 P.35。）

03

先取蕾絲模具，再將白色粉雕粉鋪均勻。

04

取出蕾絲造型的粉雕，黏貼在區塊的交界上，並在白色圓的四周黏貼水鑽。

05

重複步驟 3，再做一條蕾絲造型粉雕，貼在區塊交界處做點綴，即可完成。

個性搭配 Daily 　　NO.61

聖誕派對

材料工具 Materials

- 指甲油
  紅色

- 粉雕粉
  ① 黃色
  ② 綠色
  ③ 白色

- 化妝海綿

- 造型模具

- 顏料（白色）
- 甲片膠
- 甲片
- 甲片座

- 彩繪筆
- 粉雕筆
- 3D 溶劑
- 水鑽

步驟說明 Step by step

01
塗紅色指甲油做為底色。待乾後以
化妝海棉沾取白色顏料，在甲片四
周輕拍上色。

02
取葉子模具，先放綠色粉雕粉鋪均
勻，再從模具中取出葉子，黏貼至
甲片上。

03
取黃色粉雕粉，先放入模具做出鈴
鐺造型後，再黏貼至甲片上，最後
在鈴鐺與葉子的交疊處，貼上一顆
水鑽。

04
取白色粉雕粉，放入雪花模具中，
做出雪花造型後，貼黏至甲片上，
最後再以彩繪筆沾白色顏料在甲片
上畫白色雪花，然後貼上水鑽做點
綴，即可完成。

個性搭配 Daily　　NO.62

雪白小犬

材料工具 Materials

- 指甲油

桃紅色　透明亮彩

- 粉雕粉

① 　② 　③

① 米白色
② 綠色
③ 白色

- 造型模具

- 甲片
- 甲片座
- 彩繪筆
- 3D 溶劑

- 顏料（黑、紅色）
- 粉雕筆

步驟說明 Step by step

01

塗桃紅色指甲油做為底色。待乾後
在甲片上塗透明亮彩指甲油。

02

取小狗頭像模具，放入白色粉雕粉
填滿，形成小狗圖樣。

03

從模具中取出小狗圖樣，黏至甲片。

04

以彩繪筆分別沾取黑色與紅色顏料，
為小狗點上舌頭、鼻子與眼睛。

05

在小狗圖樣下方，取米白色與綠色
粉雕粉，做一立體蝴蝶結。（「基
礎蝴蝶結③」參考 P.32。）

06

以彩繪筆沾取黑色顏料，畫上可愛心
後寫上可愛字型，即可完成。

個性搭配 Daily

NO.63

微甜風格

材料工具 Materials

- 指甲油

桃紅色　透明亮彩

- 白色粉雕粉

- 圓點筆

- 造型貼片

- 甲片
- 甲片座
- 彩繪筆
- 粉雕筆
- 顏料（黑、黃、桃紅色）
- 甲片膠
- 3D 溶劑
- 水鑽

步驟說明 Step by step

01

塗桃紅色指甲油做為底色。待乾後在甲片上放白色粉雕粉，做圓點並壓成扁平。

02

依序做出扁平的小圓點，將小圓相互層疊，做成奶油狀。

03

取白色粉雕粉，在層疊的圓點下方做兩個扁平的小圓，用彩繪筆分別沾取桃紅色與黃色顏料，做成香蕉片與草莓，再以圓點筆沾取黑色顏料，在黃色扁圓上畫上小圓點做點綴。

04

以水果造型貼片穿插黏貼做點綴。

05

塗上透明亮彩指甲油及黏貼水鑽做為點綴，即可完成。

個性搭配 Daily　　NO.64

粉紅龐克

材料工具 Materials

- 指甲油

桃紅色

- 粉雕粉

① 透明水晶粉
② 白色

- 蝴蝶結
- 甲片
- 甲片座
- 粉雕筆
- 彩繪筆
- 3D 溶劑
- 白色顏料
- 甲片膠
- 尖夾
- 水鑽

步驟說明 Step by step

01
塗桃紅色指甲油做為底色。

02
以粉雕筆取白色粉雕粉，在甲片上做一個水滴狀，筆尖朝外輕壓。重複此動作做出蕾絲。（參考「蕾絲變化壓紋」P.26-27）

03
以粉雕筆筆尖輕推蕾絲凹陷處，增加蕾絲立體感。

04
承步驟 3，完成甲片上第二層蕾絲。

05
重複步驟 2-3，完成甲片上第三層蕾絲。

06
以彩繪筆取白色顏料，在甲片上畫出格紋。

07
將蝴蝶結以透明水晶粉黏在甲片上方。

08
最後以甲片膠將水鑽黏上格紋，即可完成。

個性搭配 Daily

NO.65

材料工具 Materials

- 指甲油

  粉紅色

- 白色粉雕粉

- 珠珠

- 甲片
- 甲片座
- 尖夾
- 粉雕筆
- 甲片膠
- 3D 溶劑

山茶花之戀

步驟說明 Step by step

01
塗粉紅色指甲油做為底色。

02
以粉雕筆取白色粉雕粉，在甲片上做一個小圓點，筆尖朝內向兩側壓出壓紋，類似愛心形。

03
依序將花瓣壓上。

04
重複步驟 2，依序壓出第一層花瓣。

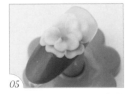

05
重複步驟 2，依序壓出第二層花瓣。

06
將甲片膠點在花瓣中心。

07
最後以尖夾將珠珠黏在花瓣中心。

08
完成！

個性搭配 Daily　　　NO.66

小鹿斑比

材料工具 Materials

● 指甲油　　　　● 粉雕粉

粉紅色　薄荷綠色

① ② ③
④ ⑤ ⑥
⑦ ⑧

① 粉紅色　⑥ 白色
② 黃色　　⑦ 淺藍色
③ 黑色　　⑧ 深藍色
④ 淺綠色
⑤ 咖啡色

● 甲片　　　　● 甲片座
● 3D 溶劑　　● 粉雕筆
● 彩繪筆　　　● 顏料（黑、深藍色）

步驟說明 Step by step

01
塗上粉紅色指甲油和薄荷綠色指甲油做為底色。

02
以粉雕筆取咖啡色粉雕粉，在甲片上做一個大圓。

03
以粉雕筆取黃色粉雕粉，在大圓上做一個小圓。

04
以粉雕筆取白色粉雕粉，在黃色小圓旁做一個一樣大的小圓。

05
以粉雕筆取粉紅色粉雕粉，在黃色與白色小圓旁做一個略小的圓點。

06
以粉雕筆取咖啡色粉雕粉，在咖啡色圓形上做一對耳朵。

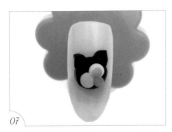

07

以粉雕筆取淺藍色粉雕粉，在白色
圓形上做一個小圓。

08

以彩繪筆沾深藍色顏料，在淺藍色
小圓上畫一個圓點。

09

以粉雕筆取黑色粉雕粉，在咖啡色
圓形上方做出斑紋。以彩繪筆沾黑
色顏料，描繪出眼眶及睫毛。

10

以粉雕筆取淺綠色粉雕粉，在小鹿
下方左側做一個三角形。

11

以粉雕筆取淺藍色粉雕粉，在小鹿
下方右側做一個三角形。

12

以粉雕筆取淺藍色粉雕粉，在小鹿
下方左側三角型上做一個愛心形，
再以筆尖輕壓出折紋。

13

重複步驟 12，在小鹿下方右側三角
型上做出半個蝴蝶結。

14

最後以粉雕筆取黃色粉雕粉，在蝴
蝶結中心做一個圓點。

15

完成！

個性搭配 Daily　　*NO.67*

薰衣草戀人

材料工具 Materials

- 粉雕粉
  ① 黑色
  ② 紫色
- 甲片
- 甲片座
- 粉雕筆
- 3D 溶劑
- 水鑽
- 貼紙
- 剪刀
- 離型紙
- 尖夾
- 甲片膠
- 彩繪筆
- 顏料（黑色）

步驟說明 Step by step

01
以粉雕筆取紫色粉雕粉，塗在甲片做為底色。

02
以粉雕筆取紫色粉雕粉，在離型紙上做一個平行四邊形並壓平。

03
待半乾後，以尖夾取下，並以剪刀在平行四邊形側邊剪下一個三角形，左領完成。

04
將左領圖樣塗上甲片膠，黏在甲片上，以尖夾調整黏貼位置。

05
重複步驟 2-4，右領完成。Point：注意衣領左右兩邊要對稱。

06
以粉雕筆取紫色粉雕粉，在離型紙上做一個倒三角形並輕壓成扁平。

07

待半乾後，以尖夾取下，並以甲片膠黏在甲片後方。Point：可以剪刀修剪衣領幅度。

08

以彩繪筆取黑色顏料，描繪衣領線條，增加立體感。

09

以粉雕筆取黑色粉雕粉，在離型紙上做一個長條形並輕壓成扁平。

10

待半乾後，以尖夾取下，將長條圖樣先修剪整齊貼上甲片，並以剪刀剪下多餘的部分。

11

以剪刀剪下一小段貼紙，貼在黑色長條上，並以剪刀剪下多餘的部分。Point：以尖夾輕壓使貼紙黏得更服貼。

12

最後將水鑽依序黏上，即可完成。

個性搭配 Daily　NO.68

花的嫁紗

材料工具 Materials

- 指甲油
  藍色
- 粉雕粉
  ① 藍色
  ② 綠色
  ③ 白色
- 甲片
- 甲片座
- 粉雕筆
- 3D 溶劑
- 尖夾
- 剪刀
- 錫箔紙
- 甲片膠

步驟說明 Step by step

01
塗上藍色指甲油做為底色。

02
以粉雕筆取白色粉雕粉，在錫箔紙上做一個橢圓形並輕壓成扁平。

03
待半乾後，以尖夾取下。

04
用手做出皺褶狀。

05
將皺褶圖樣塗上甲片膠，黏在甲片上，並以尖夾調整皺摺線條。

06
以剪刀剪下多餘的白色粉雕。

07

重複步驟 2-6，將白色皺褶圖樣塗上甲片膠，黏在第一層白色粉雕上。

08

以粉雕筆取藍色粉雕粉，做一朵立體疊花，並以甲片膠黏在皺褶上。（「不規則立體疊花片」參考 P.45-46。）

09

以粉雕筆取藍色粉雕粉，在錫箔紙上做一個橢圓形並輕壓成扁平。

10

待半乾後，以尖夾取下，使用尖夾從中心夾住將橢圓從左側開始向右捲起，成一花蕊狀。

11

以剪刀剪下花蕊底部尖端。

12

將花蕊以甲片膠黏上，並以尖夾輕壓固定。

13

以粉雕筆取綠色粉雕粉，在錫箔紙上做二個葉形並輕壓成扁平。

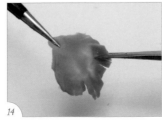

14

待半乾後，先以尖夾取下，再以剪刀在葉緣剪出鋸齒狀。

15

最後將二片葉片以甲片膠黏上，即可完成。

個性搭配 Daily NO.69

法式優雅

材料工具 Materials

- 指甲油
  粉紅色

- 粉雕粉
  ① ②
  ① 透明水晶粉
  ② 粉紅色

- 甲片
- 甲片座
- 甲片膠
- 尖夾
- 離型紙

- 粉雕筆
- 法式貼紙
- 3D 溶劑

步驟說明 Step by step

01
取法式貼紙貼在甲片上。
在貼紙下方，塗上粉紅色
指甲油。待乾後，以尖夾
撕下貼紙。

02
取粉紅色粉雕粉，在離型
紙上做一個葉形。

03
待半乾後，將兩角對折。
以剪刀修剪需要的蝴蝶結
大小。Point：注意對折勿
太大力，讓中間有空洞。

04
以粉雕筆取透明水晶粉，
將半個蝴蝶結黏上甲片。
以尖夾調整黏貼位置。

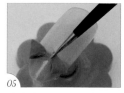

05
重複步驟 2-4，完成另一
側的蝴蝶結。

06
以粉雕筆取粉紅色粉雕
粉，在離型紙上做一個比
步驟 2 略大的葉形。

07
重複步驟 3-4，完成另一
個蝴蝶結。

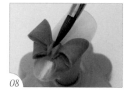

08
最後以粉雕筆取粉紅色粉
雕粉，在蝴蝶結中心做一
個圓點，輕拉成長條狀並
輕壓做出壓痕，即可完
成。

Q & A

Q1 什麼是 3D 粉雕指甲？
A：粉雕是用粉雕粉在指甲或甲片上做出各種立體圖案（若做在真甲上，會容易因水分與油脂分泌而脫落而不易持久，或是造成指甲傷害），常見的粉雕不外乎花朵、蝴蝶結、可愛動物或卡通人物造型等。

Q2 為什麼在甲片上塗完指甲油後再雕上粉雕，粉雕顏色與造型易髒汙變形？
A：可能是指甲油還沒乾，雖然不用等到指甲油全乾才做造型，但至少要表面乾才能進行粉雕動作。或者是 3D 溶劑沾太多，導致粉雕粉太濕，也會造成這種現象。

Q3 請問需要每次做完粉雕都用洗筆水來清洗粉雕筆嗎？
A：其實不用每一次做完粉雕都要用洗筆水清洗，除非粉雕筆卡粉雕粉很難清理。基本上做完粉雕後沾 3D 溶劑讓筆尖收尾，然後在紙巾上輕壓吸掉多餘的溶劑，蓋上筆套就可以了。

Q4 請問要如何挑選溶劑杯的材質呢？
A：一般來說挑選陶瓷或玻璃材質的容器當溶劑杯即可，壓克力材質或塑膠材質的容器不建議使用。

Q5 如何才能做出粉雕造型的立體感呢？
A：在做粉雕造型時，有時為了強調作品的立體感，除了會使用多一點的粉雕粉來加強厚度外，也可藉由粉雕筆將粉壓出厚薄層次，或可由外側往內推，增加作品的立體感。

Q6 如何做出色彩豐富又具有層次感的粉雕造型呢？
A：可以使用相近色系的深淺色粉雕粉，先取淺色後再沾少量深色。也可先以粉雕筆取白色粉雕粉，在甲片上做完造型再暈上顏色。或是在粉雕造形的凹陷處拍暈上色，也能加強粉雕的層次感，使色彩更加豐富。

Q7 做到運用多種色彩的粉雕造型時，該怎麼避免粉雕筆染色問題呢？
A：若使用粉雕筆沾取多種色彩時，可先將粉雕筆清洗乾淨後，再取新的粉雕粉顏色。也可先在紙巾上將多餘粉雕粉刷乾淨，這樣即可避免染色問題。

Q8 怎樣才能將粉雕塑形得很漂亮呢？
A：在粉雕未全乾前，都是可塑形的狀態。粉雕筆的濕度與粉的多寡還有控筆速度，都會影響雕塑造型。

Q9 粉雕造型若運用在飾品上，需注意什麼？
A：若是雕在玻璃材質上，須先將玻璃表面先用細磨砂紙輕拋磨，再雕上圖樣。若是壓克力或塑膠材質，要注意溶劑多寡，筆若有多餘的溶劑易將表面霧化。

Q10 粉雕造型是否可以運用在布料、皮革上？
A：不可以。布料材質不服貼，無法成形。皮革上，因溶劑易將皮革破壞，使皮革受損。

粉雕美甲
輕鬆上手

Powder
Vulture Nail

書　　　名	粉雕美甲輕鬆上手
作　　　者	邱佳雯、盧美娜
發　行　人	程安琪
總　策　劃	程顯灝
總　企　劃	盧美娜
出 版 總 監	林蔚穎
主　　　編	譽緻美學國際資訊企業社、莊旻嬑
執 行 編 輯	譽緻美學國際資訊企業社、賴珊杉
美 編 設 計	譽緻美學國際資訊企業社、張珺崴
行 銷 企 劃	黃世澤、梁祐榕
封 面 設 計	洪瑞伯
攝　　　影	吳曜宇、黃世澤

藝 術 空 間	三友藝文複合空間
地　　　址	106 台北市安和路 2 段 213 號 9 樓
電　　　話	（02）2377-1163

出　版　者	四塊玉文創有限公司
總　代　理	三友圖書有限公司
地　　　址	106 台北市安和路 2 段 213 號 4 樓
電　　　話	（02）2377-4155
傳　　　真	（02）2377-4355
E - m a i l	service @sanyau.com.tw
郵 政 劃 撥	05844889 三友圖書有限公司

總　經　銷	大和書報圖書股份有限公司
地　　　址	新北市新莊區五工五路 2 號
電　　　話	（02）8990-2588
傳　　　真	（02）2299-7900

http://www.ju-zi.com.tw

三友圖書
友直 友諒 友多聞

三友官網

國家圖書館出版品預行編目 (CIP) 資料

粉雕美甲輕鬆上手 / 邱佳雯，盧美娜作 . --
初版 . -- 臺北市：四塊玉文創，2015.11
　面；　公分
ISBN 978-986-90732-4-0(平裝)

1. 指甲 2. 美容

425.6　　　　　　　　　　　104021498

初　　　版	2015 年 11 月
定　　　價	新臺幣 460 元
I S B N	978-986-90732-4-0(平裝)

地址： 　　縣/市　　　　鄉/鎮/市/區　　　　路/街
　　　段　　巷　　弄　　號　　樓

廣　告　回　函
台北郵局登記證
台北廣字第2780號

三友圖書有限公司　收

SANYAU PUBLISHING CO., LTD.

106　　台北市安和路2段213號4樓

親愛的讀者:
感謝您購買《粉雕美甲輕鬆上手》一書,為感謝您的支持與愛護,只要填妥本回函,並寄回本社,即可成為三友圖書會員,將定時提供新書資訊及各種優惠給您。

1 您從何處購得本書?
□博客來網路書店 □金石堂網路書店 □誠品網路書店 □其他網路書店
□實體書店＿＿＿＿

2 您從何處得知本書?
□廣播媒體 □臉書 □朋友推薦 □博客來網路書店 □金石堂網路書店
□誠品網路書店 □其他網路書店＿＿＿＿□實體書店＿＿＿＿

3 您購買本書的因素有哪些? (可複選)
□作者 □內容 □圖片 □版面編排 □其他＿＿＿＿

4 您覺得本書的封面設計如何?
□非常滿意 □滿意 □普通 □很差 □其他＿＿＿＿

5 非常感謝您購買此書,您還對哪些主題有興趣? (可複選)
□中西食譜 □點心烘焙 □飲品類 □瘦身美容 □手作DIY
□養生保健 □兩性關係 □心靈療癒 □小說 □其他＿＿＿＿

6 您最常選擇購書的通路是以下哪一個?
□誠品實體書店 □金石堂實體書店 □博客來網路書店 □誠品網路書店
□金石堂網路書店 □PC HOME網路書店 □Costco
□其他網路書店＿＿＿＿ □其他實體書店＿＿＿＿

7 若本書出版形式為電子書,您的購買意願?
□會購買 □不一定會購買 □視價格考慮是否購買 □不會購買
□其他＿＿＿＿

8 您是否有閱讀電子書的習慣?
□有,已習慣看電子書 □偶爾會看 □沒有,不習慣看電子書
□其他＿＿＿＿

9 您認為本書尚需改進之處?以及對我們的意見?
＿＿＿＿＿＿＿＿＿＿＿＿＿＿＿＿＿＿＿＿＿＿＿＿＿＿＿＿＿＿＿＿

10 日後若有優惠訊息,您希望我們以何種方式通知您?
□電話 □E-mail □簡訊 □書面宣傳寄送至貴府 □其他＿＿＿＿

謝謝您的填寫,
您寶貴的建議是我們進步的動力!

姓名 ── 出生年月日 ──

電話 ── E-mail ──

通訊地址 ──────────